世纪英才　www.ycbook.com.cn　高等职业教育课改系列规划教材　（电子信息类）Electronic Information

C51 单片机
项目设计实践教程

（第 2 版）

邓柳　陈卉 ◎ 主编

李德明　王元元　唐莹 ◎ 副主编

候谦民 ◎ 主审

U0363741

C51Danpianji

Xiangmu Sheji Shijian Jiaocheng

人民邮电出版社

北　京

图书在版编目（ＣＩＰ）数据

C51单片机项目设计实践教程 / 邓柳，陈卉主编. -- 2版. -- 北京：人民邮电出版社，2015.9
世纪英才高等职业教育课改系列规划教材. 电子信息类

ISBN 978-7-115-39960-1

Ⅰ. ①C… Ⅱ. ①邓… ②陈… Ⅲ. ①单片微型计算机－高等职业教育－教材 Ⅳ. ①TP368.1

中国版本图书馆CIP数据核字(2015)第168630号

内 容 提 要

本书以 C 语言为主要编程语言，基于 KEIL 开发平台和 PROTEUS ISIS 7 仿真平台，对许多企业微型项目的实现方法进行了阐述。

本书分为两篇。第 1 篇第 1、第 2 章介绍了单片机的基础知识，包括数制转换、硬件结构和存储器结构等，第 3 章介绍了单片机的汇编语言及其程序设计方法，第 4 章重点介绍了 51 单片机 C 语言语法及程序设计方法；第 2 篇以实际项目导向的方式分别介绍了定时/计数器、中断系统、串行扩展、串行口、人机交互接口、A/D 和 D/A 接口技术的应用，以及以电池检测仪为例的企业项目实战等方面的内容。

本书可作为高职高专院校计算机类、电子类专业教材，也可供科研人员、工程技术人员及业余爱好者参考阅读。

◆ 主　　编　邓　柳　陈　卉
　　副 主 编　李德明　王元元　唐　莹
　　责任编辑　韩旭光
　　责任印制　张佳莹　彭志环

◆ 人民邮电出版社出版发行　　北京市丰台区成寿寺路 11 号
　　邮编　100164　　电子邮件　315@ptpress.com.cn
　　网址　http://www.ptpress.com.cn
　　三河市海波印务有限公司印刷

◆ 开本：787×1092　1/16
　　印张：12.5　　　　　　　　2015 年 9 月第 2 版
　　字数：283 千字　　　　　　2015 年 9 月河北第 1 次印刷

定价：29.00 元

读者服务热线：(010)81055256　印装质量热线：(010)81055316
反盗版热线：(010)81055315

第2版前言

Foreword

　　社会经济的发展，促使人们的物质生活水平不断提高，对电子产品的人性化、智能化、科技化也提出了更高的要求。单片机技术正是因为能够在一定程度上将人们从传统的程序化工作中解放出来而获得了广泛的应用。从智能洗衣机、热水器、空调等家用电器到激光理疗仪、身体成分分析仪等医疗器械再到数控机床等工业用品，到处都有单片机技术的身影。随着物联网技术的发展和成熟，单片机技术将更多地进入人们的生活。

　　目前，高等院校普遍开设了单片机技术的相关课程。经过调查发现，学生对单片机技术充满兴趣，但是学习过程中往往遇到困惑，学习效果不理想。本书以对企业单片机技术岗位能力要求及工作内容的调研结果为依据，结合作者自身多年的单片机系统设计经验，对单片机技术常用的知识和技能进行梳理，构建了零件式模块化的内容体系，在尽量保留企业真实项目特点的情况下对项目进行改造设计后引进教材，每个内容模块以一个以上的项目或任务进行支撑。学生在体验学做一体的过程中，能够将理论与实践进行很好的结合，甚至有所创新。

　　本书按照知识技能从单一到综合、从简单到复杂的原则，将单片机应用系统设计与制作分为 10 个模块：单片机基础知识模块（第 1、第 2 章）、单片机汇编语言程序设计模块（第 3 章）、单片机 C 语言程序设计模块（第 4 章）、单片机定时/计数器应用模块（项目一）、单片机中断系统应用模块（项目二）、单片机串行扩展模块（项目三、项目四）、单片机串行口应用模块（项目五、项目六）、单片机人机交互模块（项目七、项目八）、单片机 A/D、D/A 应用模块（项目九、项目十）、企业项目实战模块（项目十一）。每个模块相对独立而完整地构成单片机应用系统体系，有利于项目导向、任务驱动、案例教学等理实一体化教学的实施。

　　本书第 1、第 4 章及项目七、项目八、项目十一由邓柳编写，第 2 章及项目十由陈卉编写，第 3 章由周威编写，项目一由何新洲编写，项目二由王元元编写，项目三和项目四由企业工程师董建参与编写，项目五和项目六由刘作鹏编写，项目九由唐莹编写。全书由邓柳、陈卉担任主编，李德明、王元元、唐莹担任副主编。

　　本书在编写过程中得到了长江职业学院、荆州理工职业学院、武汉天马微电子有限公司、武汉世纪水元科技有限公司等单位同行、专家的建设性意见和帮助，在此表示感谢！

　　限于编者水平有限，书中纰漏和不足在所难免，恳请广大读者批评指正。

编　者

2015 年 3 月

目 录

Contents

第1篇 理论知识

第2篇　项目实训

第 1 篇 理 论 知 识

第1章 单片机知识概述

1.1 单片机简介

单片机是单片微型计算机的简称。单片机将计算机必需的运算器、控制器、存储器、输入单元、输出单元五大部件集成在一个芯片上，从结构和功能上看，都具有微型计算机的特点，因此称为单片微型计算机。单片机主要用来完成小型智能系统的控制功能，因此也称为微控制器，英文名为 Micro Control Unit（MCU）。

单片机应用已深入人们的生活，主要体现在家用电器领域。据统计，2000 年，一般美国家庭中的单片机应用数量达到 226 个。随着物质生活水平的提高，人们对于智能电器的需求也将越来越广泛。因此掌握单片机应用系统设计技术，是电子工程师的硬性要求。

目前常用的单片机型号有多种，如 ATMEL 公司的以 AT89 系列为代表的 51 单片机和 ATMEG 系列 AVR 单片机、TI 公司的 MSP430 单片机、Microchip 公司的 PIC 单片机等。各种单片机从功耗、内部结构、存储容量、引脚结构等方面都有一定区别。设计者应从产品需求、成本控制、自我熟悉程度等角度来选择合适的单片机型号进行产品设计。虽然各种型号单片机硬件上有较大区别，但单片机的开发思想和流程基本相同。本书将以经典的 51 系列单片机为例，深入介绍单片机应用系统的设计开发方法，以期读者能活学活用，举一反三，熟练掌握单片机技术。

1.2 单片机中的数据存储格式与数制转换

1.2.1 单片机中的数据存储格式

单片机作为计算机的一个种类，在数据存储上与计算机具有一致性。计算机存储信息的最小单位是一个二进制位（bit）。一位可存储一个二进制数（0 或 1），每 8 位组成 1 字节（B）。常用的数据存储格式有如下几种。

- 字节：存储器中存取信息的基本单位。我们常说某存储器容量是 64MB，就是说该存储器有 64 兆字节（64MB，$1MB = 2^{20}$ 字节）。
- 字：一个字 16 位，占用 2 字节。
- 双字：一个双字 32 位，由 4 字节组成。
- 四字：一个四字 64 位，由 8 字节组成。

计算机内部数据的存储模式可分为大端模式和小端模式两种，51 单片机内部数据存储采用了大端模式。所谓的大端模式，是指数据的高字节保存在内存的低地址中，而数据的低字节保存在内存的高地址中；小端模式，是指数据的高字节保存在内存的高地址中，而数据的低字节保存在内存的低地址中。例如，有一个整型数据 15 536，其存储于单片机的存储器中时，将占据 2 个字节，假设这两个字节将存储于地址为 51 和 52 的存储器单元中。将 15 536 转换成十六进制数，结果为 3CB0，此时，如果 3C 存储于地址 51，B0 存储于地址 52，就称为大端模式；如果 3C 存储于地址 52，B0 存储于地址 51，就称为小端模式。

地址	内容
51	3C
52	B0

大端模式

地址	内容
51	B0
52	3C

小端模式

　　下面结合一个例子说明数据在单片机数据存储器中的存取过程。

　　假设要使用单片机对一个脉冲信号计数，每计满 1 000 个脉冲时，计数值清零并重新开始计数，计数值要通过显示器显示出来。工作模型如图 1.1.1 所示。

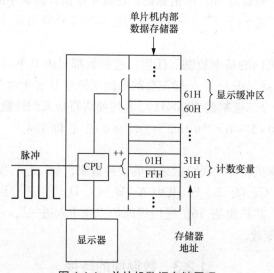

图 1.1.1 单片机数据存储原理

　　要对单片机外部脉冲计数，并将计数值显示出来，我们先要定义一个计数变量。由于要求计 1 000 个脉冲，则计数值范围为 0～999，最大计数值超过了 1 字节所能表示的范围，因此我们需要一个存储空间为双字节（字）的计数变量，当第一字节（低字节，如图 1.1.1 中 30H）计满（FFH）时，可以将其清零，同时将第二字节（高字节，如图 1.1.1 中 31H）加 1，依次进行下去。当计到 999 时，高字节（31H）中的值达到 03H，低字节（30H）中的值达到 E7H。实际上，在用 C 语言完成此任务时，我们只要定义一个整型变量作为计数变量即可。编译器在给整型变量分配存储空间时，就是分配了两个连续的字节，在加 1 过程中的低字节向高字节进位也是自动的。在定义好计数变量后，CPU 只要检测到外部脉冲，就会将变量加 1。如果要对计数值进行显示，一般处理方法是，开辟一个显示缓冲区（如

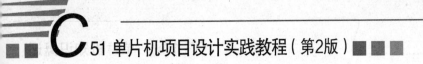

图 1.1.1 中 60H 开始处),将计数变量的值的百位、十位、个位分离出来,转存至显示缓冲区,CPU 最后调用显示函数,把显示缓冲区中的数字显示出来。

图 1.1.1 中,地址为 30H 的字节单元存储了数据 FFH,根据数制转换的基础可知,30H单元的 8 个位都为二进制数 "1"。计数变量的值为 01FFH,即十进制数 511。要注意的是,不同的单片机编译器,其给变量分配地址的规律可能不同。以一个整型变量为例,430 单片机的 IAR 编译器在分配时,高字节在前,低字节在后,和图 1.1.1 中所示一致,因此采用的是小端模式;51 单片机的 KEIL 编译器在分配时,刚好相反,就变成了 (30H) = 01H,(31H) = FFH,采用的是大端模式。

1.2.2　计算机中的常用数制

计算机中的进位计数制有 4 种,即二进制、八进制、十进制、十六进制。常用的数制有 3 种,即二进制数、十进制数和十六进制数。

1. 十进制数

十进制数是我们最熟悉的一种进位计数制,其由 0、1、2、3、4、5、6、7、8、9 不同的基本数码符号构成,基数为 10。所谓基数,在数学中指计数制中所用到的数码的个数。十进制数进位规则是 "逢十进一",一般在数的后面加符号 D 表示十进制数。

2. 二进制数

二进制数是计算机内的基本数制。任何二进制数都只由 0 和 1 两个数码组成,其基数是 2。进位规则是 "逢二进一"。一般在数的后面用符号 B 表示这个数是二进制数。如数据 10000110B,表示一个二进制数 10000110,其转换成符合人们计数习惯的十进制方法为:
$1\times2^7+0\times2^6+0\times2^5+0\times2^4+0\times2^3+1\times2^2+1\times2^1+0\times2^0$,即 134。

3. 十六进制数

十六进制数是计算机软件编程时常采用的一种数制。十六进制数由 16 个数符构成:0、1、2、…、9、A、B、C、D、E、F,其中 A、B、C、D、E、F 分别代表十进制数的 10、11、12、13、14、15,其基数是 16。进位规则是 "逢十六进一"。一般在数的后面加一个字母 H 表示是十六进制数。

1.2.3　数制间的转换

1. 二进制数与十六进制数的转换

(1) 二进制数转换成十六进制数

采用 4 位二进制数合成一位十六进制数的方法,以小数点开始分成左侧整数部分和右侧小数部分,如:10010110.0110B = 96.6H。

(2) 十六进制数转换成二进制数

将十六进制数的每位分别用 4 位二进制数码表示,然后把它们连在一起即为对应的二进制数,如:F8.7H = 11111000.0111B。

2. 二进制数与十进制数间的转换

(1) 二进制数转换成十进制数

将二进制数按权展开后相加即得到对应的十进制数。例如,将数 1001.101B 转换为十进制数。

$$1001.101B = 1 \times 2^3 + 0 \times 2^2 + 0 \times 2^1 + 1 \times 2^0 + 1 \times 2^{-1} + 0 \times 2^{-2} + 1 \times 2^{-3}$$
$$= 8 + 1 + 0.5 + 0.125 = 9.625$$

（2）十进制数转换成二进制数

十进制数的整数部分和小数部分转换成二进制数的方法不同，要将它们分别转换，然后将结果合并到一起即得到对应的二进制数。

十进制整数转换成二进制整数的常用方法是"除 2 取余法"，即用 2 连续去除要转换的十进制数和所得的商，直到商小于 2 为止，依次记下各个余数，然后按最先得到的余数为最低位，最后得到的余数为最高位依次排列，就得到转换后的二进制整数。

如将十进制数 168 转换成二进制数：

$$
\begin{array}{r}
2\,|\,168 \\
2\,|\,84 \quad 余数\ 0，K_0=0 \\
2\,|\,42 \quad 余数\ 0，K_1=0 \\
2\,|\,21 \quad 余数\ 0，K_2=0 \\
2\,|\,10 \quad 余数\ 1，K_3=1 \\
2\,|\,5 \quad 余数\ 0，K_4=0 \\
2\,|\,2 \quad 余数\ 1，K_5=1 \\
2\,|\,1 \quad 余数\ 0，K_6=0 \\
0 \quad 余数\ 1，K_7=1
\end{array}
$$

168=10101000B

十进制小数转换成二进制小数的常用方法是"乘 2 取整法"，即用 2 连续去乘要转换的十进制小数部分和前次乘积后的小数部分，依次记下每次乘积的整数部分，直到小数部分为 0 或满足所需要的精度为止，然后按最先得到的整数为二进制小数的最高位，最后得到的为最低位依次排列，就得到转换后的二进制小数。

如将 0.686 转换成二进制小数：

$$0.686 \times 2 = 1.372 \quad K_{-1}=1$$
$$0.372 \times 2 = 0.744 \quad K_{-2}=0$$
$$0.744 \times 2 = 1.488 \quad K_{-3}=1$$
$$0.488 \times 2 = 0.976 \quad K_{-4}=0$$
$$0.976 \times 2 = 1.952 \quad K_{-5}=1$$
$$0.686 \approx 0.10101B$$

3. 十六进制数和十进制数间的转换

（1）十六进制数转换成十进制数

将十六进制数按权展开后相加即得到对应的十进制数。

（2）十进制数转换成十六进制数

与二进制相似，十进制整数和小数要分别转换。

十进制整数转换成十六进制整数的方法是"除 16 取余法"，即用 16 连续去除要转换的十进制整数和所得的商，直到商小于 16 为止，依次记下各个余数，然后按最先得到的余数为最低位，最后得到的余数为最高位依次排列，就得到所转换的十六进制数。

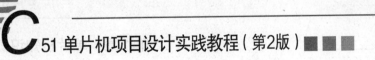

十进制小数转换成十六进制小数的常用方法是"乘 16 取整法"，即用 16 连续去乘要转换的十进制小数部分和前次乘积的小数部分，依次记下每次乘积的整数部分，直到小数部分为零或满足所需要的精度为止，然后按最先得到的整数为十六进制小数的最高位，最后得到的为最低位依次排列，就得到所转换的十六进制小数。

练习题：
1. 将下列二进制数转换成十进制数。

   11110010110000   1101.11

2. 将下列二进制数转换成十六进制数。

   10111100   11010010.1101

3. 将下列十进制数转换成二进制数。

   100   95.3   55.625

1.3 单片机的特点及应用领域

美国 Intel 公司分别于 1971 年生产出 4 位单片机 4004 和 1972 年生产出 8 位单片机 8008。随着 1976 年 MCS-48 单片机的问世，单片机的发展进入了全盛时期，并在其后的 30 年里多次更新换代，大约每 3 年集成度就增大一倍、性能强度翻一番。

单片机由于其体积小、功耗低、价格低廉，且具有逻辑判断、定时计数、程序控制等多种功能，广泛应用于仪器仪表、家用电器、医用设备、航空航天、专用设备的智能化管理及过程控制等领域。

单片机具有较强的实时数据处理能力和控制功能，可以使系统保持在最佳工作状态，提高系统的工作效率和产品质量，所以在工业测控、航空航天、尖端武器等各种实时控制系统中，都作为控制器件使用。

全世界单片机的年产量数以亿计，应用范围之广，种类之多，一时难以详述。单片机应用的意义绝不仅仅限于它的广阔应用范围及所带来的经济效益，更重要的还在于它从根本上改变了传统的控制系统设计思想和设计方法。从前必须由模拟电路或数字电路实现的大部分硬件控制电路，现在可以使用软件编程的方法来实现。这种以软代硬的控制技术称为微控制技术。微控制技术的不断发展和日趋完善，必将使单片机的应用更加深入、更加广泛。

1.4 单片机的发展趋势

目前单片机正朝着高性能和多品种方向发展，今后将进一步向低功耗、小体积、大容量、高性能、低价格、高速率、高可靠性方向发展。

1. 低电压、低功耗

目前新一代的单片机大都具有 SLEEP、STOP 等省电运行方式，可以在适当的时候唤醒单片机。电源电压也呈下降趋势，3.3V 的单片机越来越成为主流，而一些低电压供电的单片机电源下限可达 1～2V。目前 0.8V 供电的 MSP430 单片机已经问世。

同时单片机的功耗已从 mA 级降到μA 级，甚至 1μA 以下。低功耗的效应不仅是功耗降低，同时带来了产品的高可靠性、高抗干扰能力及便携化。

2. 大容量

以前标准的 8031 单片机没有 ROM，8051 单片机只有 4KB 的 ROM，二者 RAM 均为 128B。这在一些复杂控制的场合这些存储容量常常是不够的，必须进行外接扩充。目前，包括 51 在内的许多单片机都已经将内部存储器做到了足够大，能满足复杂计算和控制应用对单片机存储容量的要求。如 STC 的 STC12C5A60 系列，其内部 FLASH 有 60KB，RAM 有 1280B；TI 公司的 MSP430f149 单片机内部 FLASH 有 60kB，RAM 有 2KB。

3. 高速率

这主要是指进一步改进 CPU 的性能，加快指令运算的速度和提高系统控制的可靠性。采用精简指令集（RISC）结构和流水线技术，可以大幅度提高运行速度。当前指令速度最高者已达 100MIPS（Million Instruction Per Seconds，兆指令每秒），并加强了位处理功能、中断和定时控制功能。美国 Cygnal 集成产品公司的 C8051F 系列单片机采用流水线结构，指令周期以时钟周期为单位，由标准的 12 个系统时钟周期降为 1 个系统时钟周期，处理能力大大增强，运行速度比标准的 51 单片机快 10 倍以上。

4. 低噪声和高可靠性

为提高单片机的抗电磁干扰能力，使产品能适应恶劣的工作环境，满足电磁兼容性方面更高标准的要求，各单片机厂家在单片机内部电路中都采取了新的技术措施。

5. 小体积、低价格化

与大容量化相反，以 4 位、8 位机为中心的小体积、低价格化也是一个趋势。这类单片机的特点是把原来用集成电路组成的控制电路单片化，可广泛用于家电产品。

6. 集成多种外设功能

随着集成度的不断提高，越来越多的单片机把各种外围设备的功能器件集成在片内。除了一般必须具有的 CPU、ROM、RAM、定时/计数器等以外，片内集成的部件常见的还有 A/D 转换器、D/A 转换器、I^2C 总线、CAN 总线、SPI 总线、DMA 控制器、PWM 控制器、声音发生器、监视定时器、锁相电路等。

1.5　51 单片机开发平台与设计流程

目前，常用的 51 单片机软件开发平台为 KEIL μVision3，仿真软件为 PROTEUS ISIS 7。限于篇幅，本书不在这里介绍软件的详细菜单等内容，只介绍如何使用开发平台快速地开发一个微型项目——LED 闪烁，读者可在此基础上多加探索与练习，熟练掌握单片机应用系统的设计流程。

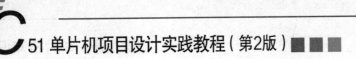

【任务一】设计单个 LED 闪烁

任务目的

通过完成本任务，掌握单片机单片机应用系统的设计流程。

任务要求

使用 PROTEUS ISIS 7 仿真软件构建系统硬件环境，使用 KEIL μVision3 开发平台进行程序设计，完成单个 LED 间隔 1 秒左右闪烁的功能。

任务完成时间

2 学时。

任务描述

1. 使用 PROTEUS ISIS 7 构建系统硬件环境

首先，打开 PROTEUS ISIS 7，如图 1.1.2 所示，单击图中方框图突出的 器件模式，并单击 选择器件，会弹出图 1.1.3 所示器件库界面。

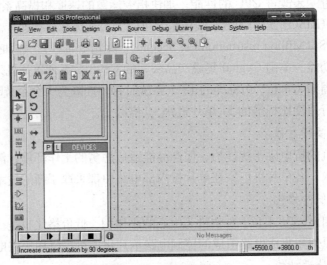

图 1.1.2 查找器件 1

在 Keywords 中输入需要查找的器件名称，如"AT89C51"，这时，在中间的 Results (8) 区域显示找到的器件，最右边还有对应的器件外形和封装预览。在 Results (8) 区域双击我们需要的单片机型号如"AT89C51"，这时可以看到图 1.1.4 所示的界面，与图 1.1.2 所示界面相比，在用户元件库（P L DEVICES 下面的空白区域）中，可以看到"AT89C51"已被载入。接下来，按照相同的方法，在 Keywords 中依次输入"res""crystal""cap""cap-elec""led-red"，将电阻、晶振、瓷片电容、电解电容、红色 LED 加入用户元件库。

按图 1.1.5 所示的电路进行连接。连接电路过程中，可以用鼠标右键单击元件进行方向调整、用鼠标左键双击器件进行参数属性调整等。单击左栏按钮 表示的 Terminal Mode，找到电源和地。

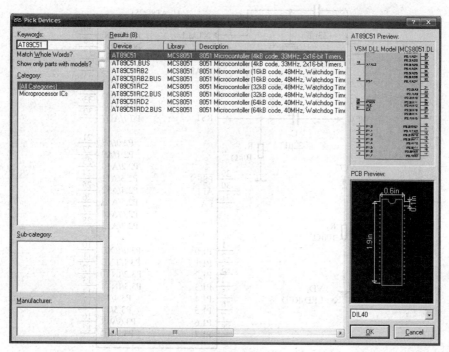

图 1.1.3　查找器件 2

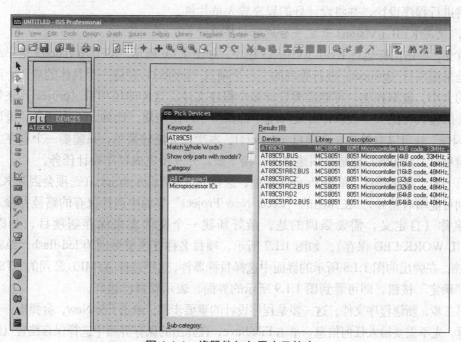

图 1.1.4　将器件加入用户元件库

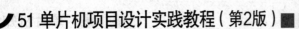

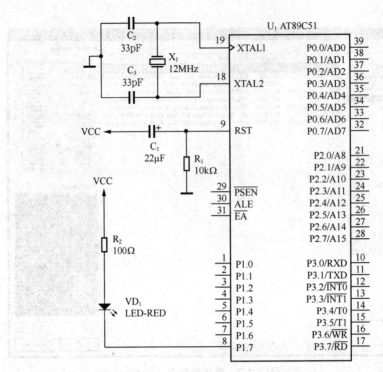

图 1.1.5　单个 LED 闪烁硬件电路图

　　至此，硬件环境构建完成，将它进行保存。此时，如果单击左下角 ▶ ⏩ ⏸ ⏹ 中的三角形给电路上电运行，是不会看到 LED 闪烁的，因为还没有给单片机装入程序。接下来将进行程序设计，并将设计好的程序导入单片机。

　　2. 使用 KEIL μVision3 开发平台进行程序设计

　　首先，单击图标运行 KEIL μVision3 程序，如图 1.1.6 所示。KEIL μVision3 对于单片机软件是采用项目（project）进行管理的，一个项目（project）对应一个具体的应用，而根据项目的大小、复杂程度，可能需要设计多个程序文件。这种使用项目（project）来管理程序文件的模式在绝大多数软件开发环境中都获得了广泛使用。比如，本次任务"设计单个 LED 闪烁"就可以看做是一个项目（project）。本次任务比较简单，只需要一个程序文件即可，但项目（project）也是必须建立的。接下来，分 4 步完成程序设计任务。

　　第一步，新建项目。单击 Project 菜单，选择 new\μVision project（选项会因为 KEIL 版本不同可能略有差异）。在弹出的"Creat New Project"界面中选择保存的路径并输入新项目的名称（自定义，需要强调的是，最好新建一个文件夹来保存新项目，如以路径 C:\KEIL\WORK\LED 保存）。如图 1.1.7 所示，项目名称在这里举例为 led-flash，单击"保存"按钮。在弹出的图 1.1.8 所示的界面中选择目标器件，这里选择 ATMEL 公司的 AT89C51。单击"确定"按钮，即可看到图 1.1.9 所示的界面，表示项目已建好。

　　第二步，新建程序文件。这一步是程序设计的重要步骤。单击 File\New，会弹出一个文本编辑框，先不需要输入任何信息，单击 File\Save，在弹出的保存界面中选择保存路径（默认在项目所在文件夹 led 中即可），输入程序文件的名称 LED.ASM（因为本例采用的是汇编语言，所以程序文件扩展名为.ASM，如果是 C 语言编写的程序，扩展名为.C），如图 1.1.10 所示。

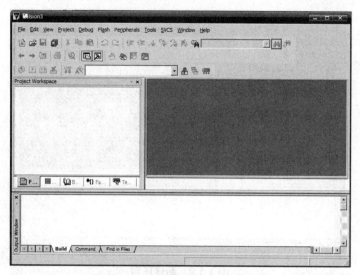

图 1.1.6　KEIL μVision3 初始界面

图 1.1.7　保存项目

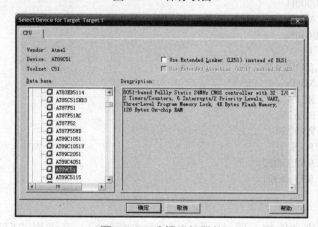

图 1.1.8　选择目标器件

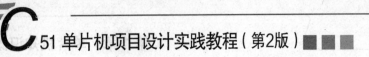

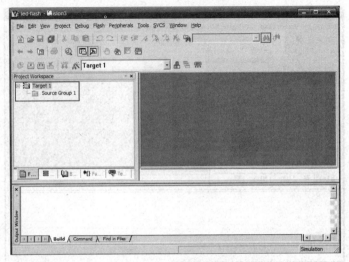

图 1.1.9 新建项目

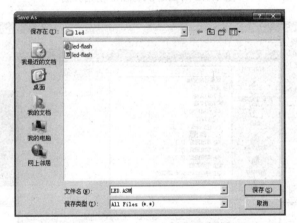

图 1.1.10 保存程序文件

在文本编辑框中输入以下代码并保存。

```
        LED BIT P1.7
        ORG 0000H
        SJMP MAIN
        ORG 0030H
MAIN:   CPL  LED
        ACALL DELAY
        SJMP MAIN
DELAY:  MOV R7,#4
LOOP1:  MOV R6,#250
LOOP2:  MOV R5,#250
        DJNZ R5,$
        DJNZ R6,LOOP2
        DJNZ R7,LOOP1
        RET
        END
```

第三步，将程序文件加入项目。双击 📁 Source Group 1，在弹出的窗口中，将文件类型选择为第二项："Asm Source File"，即可找到刚才建立的程序文件 LED.ASM。选中该文件，单击"添加"按钮，即可看到图 1.1.11 所示的添加完成界面。

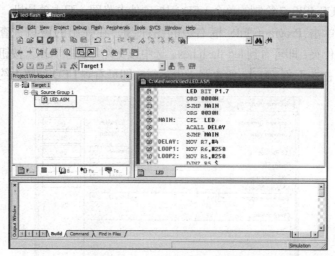

图 1.1.11　程序文件加入项目

第四步，编译项目，生成机器码。在项目文件夹 Target1 上面用鼠标右键单击，选择"Options for Target1"，在弹出的图 1.1.12 所示选项卡中选择 Output，将 Output 选项卡下的"Create HEX File"勾上，单击"确定"按钮；在 KEIL μVision3 主界面下选择 Project\build target，可以看到图 1.1.13 所示的编译信息，显示已编译成功并生成机器码。

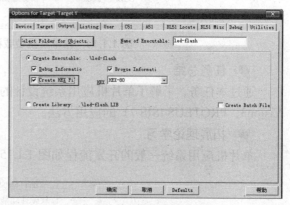

图 1.1.12　选中生成机器码

图 1.1.13　编译项目

13

至此，程序设计完成，生成了目标代码：led-flash.hex。

3. 软硬件调试

打开 PROTEUS ISIS 7 绘制的单个 LED 闪烁硬件电路图，双击单片机，在弹出的图 1.1.14 所示的界面中，单击 Program File 框右边的图标，在弹出的窗口"查找范围"中找到 C:\keil\work\led 文件夹，即可看到 led-flash.hex，选中该文件，单击"OK"按钮，退到 PROTEUS ISIS 7 主界面。单击左下角 ▶ ，给电路上电运行，即可看到 LED 间隔大约 1 秒的闪烁。

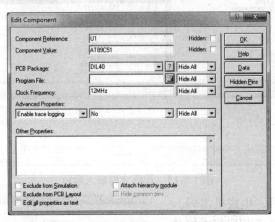

图 1.1.14 给单片机装载程序（.HEX 文件）

任务总结

通过本任务，了解了单片机应用系统设计的一般流程，初步掌握了开发工具（KEIL μ Vision3，PROTEUS ISIS 7）的应用方法。

拓展理论学习

单片机应用系统一般的开发流程如图 1.1.15 所示。

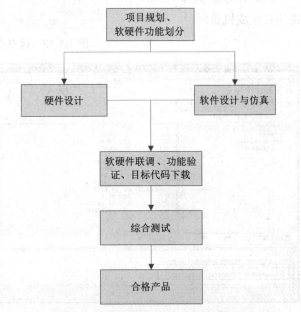

图 1.1.15 单片机应用系统开发流程

【思考与练习】

1．单片机中的数据是如何进行存储的？

2．单片机应用系统设计过程中，常用的进位计数制有哪些？十进制数如何快速转换成二进制数？

3．单片机在单片机应用系统中主要作用是什么？

4．列举生活中常见的单片机应用实例。

5．单片机目前的应用情况如何？单片机发展趋势有哪些？

6．使用 KEIL 软件进行程序开发的步骤有哪些？使用 KEIL 软件最后能得到什么？

7．简述使用 PROTEUS ISIS 软件进行原理图绘制的方法。

第2章 51单片机结构及最小系统

2.1 51单片机外部结构及最小系统

2.1.1 51单片机引脚

51系列单片机有DIP、QFP、PLCC等多种封装形式，这里仅介绍总线型DIP40封装，其引脚排列和逻辑符号如图1.2.1所示。

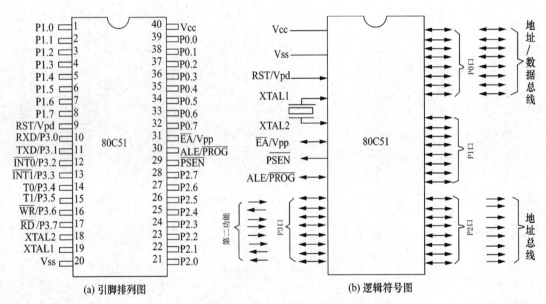

(a) 引脚排列图　　　　　　　　　　　(b) 逻辑符号图

图1.2.1　AT89C51单片机DIP40封装引脚结构

DIP40封装引脚功能如下所述。

（1）电源及时钟引脚

Vcc：接5V电源。

Vss：接地。

XTAL1：外接晶振输入端（采用外部时钟时，此引脚作为外部时钟信号输入端）。

XTAL2：内部时钟电路输出端（采用外部时钟时，此引脚悬空）。

（2）并行I/O接口引脚（32个，分成4个8位并行口）

P0.0～P0.7：通用I/O口引脚或数据/低8位地址总线复用引脚。

P1.0～P1.7：通用I/O口引脚。

P2.0～P2.7：通用 I/O 口引脚或高 8 位地址总线引脚。

P3.0～P3.7：一般 I/O 口引脚或第二功能引脚。

（3）控制信号引脚

RST/Vpd：复位信号引脚/备用电源输入引脚。

$\overline{ALE}/\overline{PROG}$：地址锁存信号引脚/编程脉冲输入引脚。

$\overline{EA}$/Vpp：内外程序存储器选择信号引脚/编程电压输入引脚。

$\overline{PSEN}$：外部程序存储器选择信号输出引脚。

2.1.2　时钟与复位电路

1. 时钟电路

单片机工作时，从取指令到译码再进行微操作，必须在时钟信号控制下，才能有序地工作。单片机的时钟信号通常有两种产生方式：一是内部时钟方式，二是外部时钟方式。

内部时钟方式的硬件电路如图 1.2.2（a）所示。在 XTAL1 和 XTAL2 引脚接上一个晶振，在晶振上加上两个稳定频率的 C_1 和 C_2，其典型值为 33pF。晶振频率典型值有 6MHz、11.0592MHz 和 12MHz 等。

外部时钟方式的硬件电路如图 1.2.2（b）所示。它一般适用于多片单片机同时工作时，使用同一时钟信号的情况，以保证单片机的工作同步。

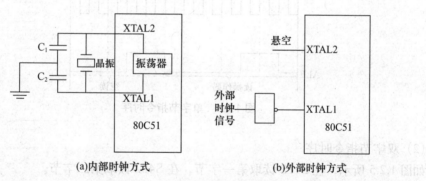

(a)内部时钟方式　　　　　(b)外部时钟方式

图 1.2.2　80C51 单片机时钟电路

为了更好地理解单片机的工作时序，先介绍几个定义。

晶振周期：振荡电路产生的脉冲信号的周期，是最小的时序单位，用节拍 P 来表示。

时钟周期：把 2 个晶振周期称为 S 状态，即时钟周期。通常包括两个节拍 P1 和 P2。

机器周期：把 12 个晶振周期称为机器周期，用 T_{CY} 表示。

指令周期：执行指令所需的时间。一般为 1 个机器周期或 2 个机器周期或 4 个机器周期。

如晶振频率为 12MHz 时，机器周期为 1μs。80C51 单片机时钟信号如图 1.2.3 所示。

单片机程序的执行过程是在时钟的驱动下，CPU 不断取指令、译码、执行的过程。单片机的指令根据存储空间分有单字节指令、双字节指令、三字节指令；根据执行时间分有

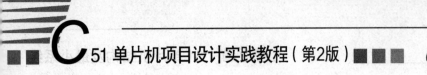

单周期指令、双周期指令和四周期指令，下面列举说明指令时序。

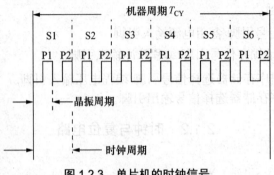

图 1.2.3　单片机的时钟信号

（1）单字节指令时序

如图 1.2.4 所示，在 S1P2 开始读取指令的操作码，并执行指令，在 S4P2 结束操作。但 S4P2 读取的操作码无效。

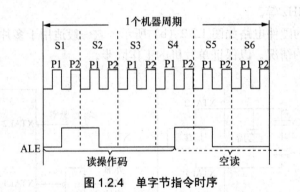

图 1.2.4　单字节指令时序

（2）双字节指令时序

如图 1.2.5 所示，在 S1P2 读取第一字节，在 S4P2 读取第二字节。

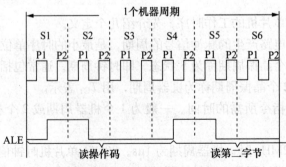

图 1.2.5　双字节指令时序

（3）双周期指令

对于单字节指令，在两个机器周期内要进行 4 次读操作，但后 3 次读操作无效，其时序如图 1.2.6 所示。

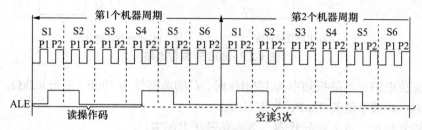

图 1.2.6　单字节双周期指令时序

访问片外 RAM 单字节指令周期时序如图 1.2.7 所示。

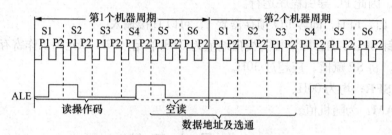

图 1.2.7　访问外部 RAM 指令周期时序

比较上述几个时序图，不难发现，只有访问片外 RAM 时，地址锁存信号 ALE 才具有周期性，其周期为 6 个时钟周期，因此 ALE 也可以作为其他电路的时钟信号。

2．复位电路

单片机在启动运行时，单片机内部各部件都要处某一明确的状态，并从这个状态开始工作，由此单片机有一个复位引脚 RST。为了保证单片机进行可靠的复位，在 RST 引脚上必须加上 2 个机器周期以上的高电平。如晶振频率为 12MHz 的单片机，复位信号高电平持续时间要超过 2μs。

在具体应用中，复位电路有两种基本方式，一种是上电复位，另一种是上电与按键复位。电路如图 1.2.8 所示。

思考题：

1．单片机外接晶振频率与运行速度有何关系？

2．单片机晶振频率为 12MHz 时，机器周期为多少？单片机晶振频率为 24MHz 时，机器周期又为多少？

3．单片机指令是如何读取和执行的？

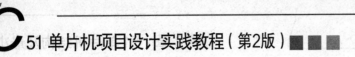

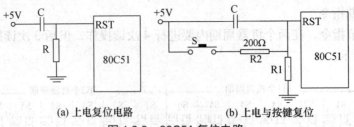

(a) 上电复位电路   (b) 上电与按键复位

图 1.2.8   80C51 复位电路

上电复位电路中当晶振频率为 12MHz 时，C 的典型值为 $10\mu F$，R 为 $8.2k\Omega$；晶振频率为 6MHz 时，C 典型值为 $22\mu F$，R 为 $1k\Omega$。

单片机复位后，进入初始状态。各寄存器状态如下。

程序计数器 PC：0000H，即复位后单片机从 0000H 单元开始执行程序。一般在 0000H 单元存放一条转移指令，转移到主程序中。PC 具有自动加 1 功能且永远指向下一条即将要执行的指令，因此 PC 导引程序运行。

P0～P3 口：FFH，即各 I/O 锁存器置 1，可以直接输入。

堆栈指针 SP：07H，即堆栈的栈顶地址为 07H 单元，07H 单元为工作寄存器区，一般需要堆栈时，将 SP 赋值，应超过 30H。

其余的 SFR：均为 00H。

片内 RAM：为随机值。

2.1.3   最 小 系 统

单片机要能够正常工作，必须有连接正确的时钟和复位电路，这是构成单片机最小系统的必需条件。所谓单片机最小系统，就是使用最少的元件构成能够运行程序的单片机系统。在过去的 51 单片机最小系统中，由于 8031 单片机没有内部程序存储器，所以需要外接程序存储器来构成最小系统。而现在的单片机已经在内部集成了程序存储器，所以只需要一片单片机，再配上基本的时钟、复位电路即能构成最小系统，进行单片机的程序开发工作。图 1.2.9 所示电路中，仅包含单片机、时钟电路、复位电路共计 6 个元件的系统即单片机最小系统。

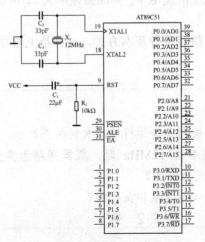

图 1.2.9   80C51 最小系统图

2.2 51 单片机内部结构

2.2.1 整体结构

80C51 单片机的基本结构如图 1.2.10 所示。

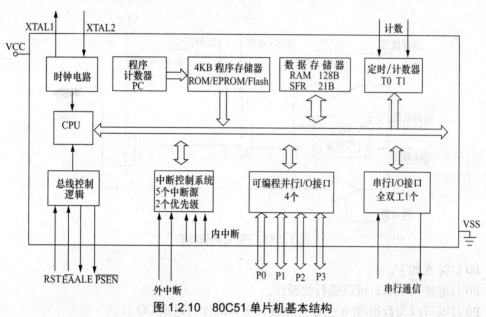

图 1.2.10 80C51 单片机基本结构

由图 1.2.10 可知，80C51 单片机由以下部分组成。

（1）CPU 系统

① 8 位 CPU，能够进行布尔处理。

② 内部时钟电路。

③ 总线控制逻辑。

（2）内部存储器系统

① 4KB 程序存储器（ROM/EPROM/Flash），可外扩至 64KB。

② 128B 的数据存储器（RAM，可外扩至 64KB）。

③ 21 个特殊功能寄存器（SFR）。

（3）I/O 接口及中断、定时部件

① 4 个 8 位并行 I/O 接口。

② 5 个中断源的中断系统，2 个优先级。

③ 2 个 16 位定时/计数器。

④ 1 个全双工的串行 I/O 口。

2.2.2 并行 I/O 结构

80C51 单片机有 4 个并行 I/O 口 P0、P1、P2 和 P3。每个并行接口均由数据输入缓冲

器区、数据输出驱动及锁存器构成。4 个并行接口在结构上基本相同，但也存在差异，所以各接口功能有所不同。下面分别介绍各 I/O 口接口及功能。

1. P0 口结构及工作原理

P0 口由 8 位 I/O 口构成，每位包括 1 个 D 锁存器、2 个三态缓冲区、由 1 对场效应管组成的输出驱动电路，以及 1 个与门、1 个反相器和 1 个电子开关 MUX。其位结构如图 1.2.11 所示。

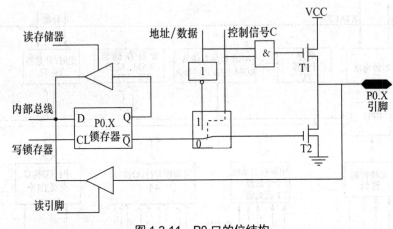

图 1.2.11　P0 口的位结构

P0 口特点如下。

P0 口地址为 80H，可以进行位操作。

P0 口既可以为数据/低 8 位地址总线，也可以作为通用 I/O 口。

P0 口采用漏极开路输出作通用 I/O 口时，要接上拉电阻，可推动 8 个 TTL 电路。

P0 口作为输入时必须将 P0 口置 1。

当 P0 口作为数据/低 8 位地址总线使用时，单片机内部硬件自动使控制信号 C 为 1，使电子开关 MUX 接上反相器的输出端。若地址/数据总线状态为 1，则场效应管 T1 导通，T2 截止，引脚状态为 1；若地址/数据总线状态为 0，则场效应管 T1 截止，T2 导通，引脚状态为 0。

当 P0 口作为通用 I/O 口使用时，控制信号 C 为 0，T1 截止，电子开关 MUX 接上锁存器的反相端。由于上拉场效应管 T1 处于截止状态，因此，输出时需接上拉电阻。

P0 口作为输出口时，内部总线的数据，在写锁存器信号作用下存入 D 锁存器中，经锁存器的反相端送至场效应管 T2，再经 T2 反相，在 P0 口上引脚上输出的数据正好是内部总线的数据。

P0 口作为输入口时，首先要使 T2 截止，否则引脚信号被箝位在 0 电平，导致信号无法输入。数据从引脚读入到内部总线上有两种方式。一种是"读锁存器"，一种是"读引脚"，具体使用哪种方式由指令决定。当 CPU 执行"读—修改—写"指令（如 ANL P0，#07H）时单片机选择"读锁存器"方式，这种方式可以防止外部电路原因使引脚状态发生变化而产生误读。其他指令均通过"读引脚"方式将引脚状态读入到内部总线上。

2. P1 口结构与工作原理

P1 口的位结构如图 1.2.12 所示。

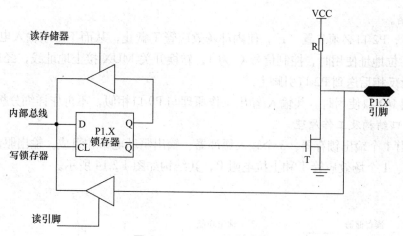

图 1.2.12　P1 口的位结构

由图 1.2.11 可知，P1 口由 1 个输出锁存器、2 个三态输入缓冲器和输出驱动电路组成。其特点如下。

- 只能作为通用 I/O 口使用。
- 输入时，P1 口必须先置 "1"，使内部场效应管 T 截止，从而不影响输入电平。
- 无需接上拉电阻即可驱动 4 个 TTL 电路。

P1 口接口结构简单，读者自行分析其工作原理。

3．P2 口结构及工作原理

P2 口包括 1 个输出锁存器、1 个转换开关 MUX、2 个三态输入缓冲器、输出驱动电路和 1 个反相器。P2 接口的位结构如图 1.2.13 所示。

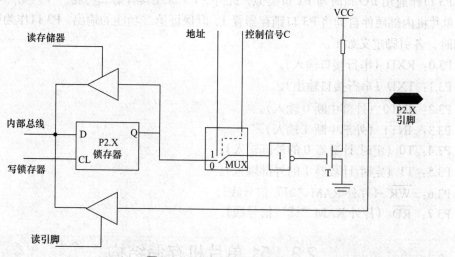

图 1.2.13　P2 口的位结构

P2 口特点如下。

可以作为高 8 位地址线，也可以作为通用 I/O 口。

作为通用 I/O 口输出时，由于内部集成了上拉电阻，无需再接上拉电阻，可以驱动 4

23

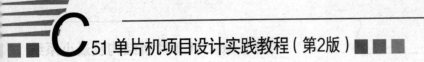

个 TTL 电路。

输入时，P2 口必须先置"1"，使内部场效应管 T 截止，从而不影响输入电平。

作高 8 位地址使用时，控制信号 C 为 1，转换开关 MUX 接上地址线，经反相器和场效应管两次反相后送到 P2 口引脚上。

作通用 I/O 口使用时，其输入/输出工作原理与 P0 口相似，不再作详细分析。

4. P3 口结构及工作原理

P3 口由 1 个输出锁存器、3 个输入缓冲器、输出驱动电路和组成。输出驱动电路包括 1 个与非门、1 个场效应管 T 和上拉电阻 R，其结构如图 1.2.14 所示。

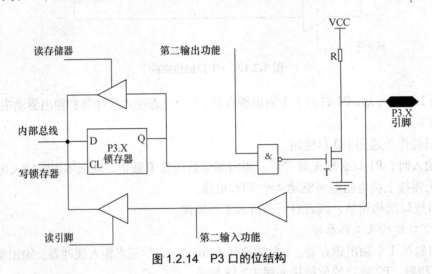

图 1.2.14 P3 口的位结构

P3 口作通用 I/O 口时与 P1 口类似，此外，P3 口还具有第二功能。作为第二功能使用时，单片机内部硬件自动将 P3 口锁存器置 1，以保证第二功能的输出。P3 口作为第二功能使用时，各引脚定义如下。

P3.0：RXD（串行接口输入）。

P3.1：TXD（串行接口输出）。

P3.2：$\overline{\text{INT0}}$（外部中断 0 输入）。

P3.3：$\overline{\text{INT1}}$（外部中断 1 输入）。

P3.4：T0（定时/计数器 0 的外部输入）。

P3.5：T1（定时/计数器 1 的外部输入）。

P3.6：$\overline{\text{WR}}$（片外 RAM "写"信号线）。

P3.7：$\overline{\text{RD}}$（片外 RAM "读"信号线）。

2.3 51 单片机存储结构

80C51 系列单片机存储器分为两种类型，一种是程序存储器（ROM），另一种是数据存储器（RAM）。RAM 用来存放暂时性的输入、输出数据和运算中间结果，ROM 用来存放程序或常数。

2.3.1　80C51单片机程序存储器

MCS-51 系列的 80C51 在芯片内部有 4KB 的掩膜 ROM，87C51 在芯片内部有 4KB EPROM，89C51 在芯片内部有 4KB Flash ROM。目前几乎所有的单片机内部 ROM 都是 FLASH ROM。

80C51 单片机的程序存储器配置如图 1.2.15 所示。

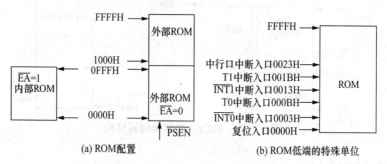

图 1.2.15　80C51 程序存储器配置

从图 1.2.15（a）可以看出，内部 ROM 与外部 ROM 低 4KB 的地址重叠，单片机主要通过 $\overline{EA}$ 内部程序存储器选择信号来控制。当 $\overline{EA}$ 引脚信号为低电平时，单片机只访问外部 ROM，对无内部 ROM 的 8031 系列单片机的 $\overline{EA}$ 引脚必须接地。当 $\overline{EA}$ 为高电平时，先访问片内低 4KB ROM，再访问外部高 60KB ROM。

程序存储器低端的一些地址被固定作为特定的入口地址。

0000H：单片机复位后的入口地址。

0003H：外部中断 0 中断服务程序的入口地址。

000BH：定时/计数器 0 溢出中断服务程序的入口地址。

0013H：外部中断 1 中断服务程序的入口地址。

001BH：定时/计数器 1 溢出中断服务程序的入口地址。

0023H：串行口的中断服务程序的入口地址。

这些入口在需要编写中断程序时使用，一般的程序在存放时应跳过这个区域，避免引起错误。编写中断程序时一般在这些入口地址开始的单元中存放一条转移指令，转移到相应的中断服务程序处。如果中断服务程序少于 8B，可以将中断服务程序直接存放到相应的入口地址以后的几个单元中。

2.3.2　80C51单片机的数据存储器

80C51 单片机数据存储器分为片外 RAM 和片内 RAM。片外 RAM 最大可扩展 64KB，地址范围为 0000H～FFFFH。片内 RAM 可分为两个不同的存储空间，即低 128 字节单元的数据存储器空间和分布 21 个特殊功能寄存器 SFR 的高 128 字节存储器空间。注意，对于增强型单片机（如 AT89C52），数据存储器容量为 256 字节，因此还存在一个与 SFR 所在的高 128 字节存储空间地址相同的存储空间（图 1.2.16 中所示增强型附加空间），即地址

也为 80H~FFH，这时，CPU 将通过访问指令的不同来进行区分：如果是直接寻址，则访问 SFR 区；如果是寄存器间接寻址，则访问的是高 128 字节的数据存储空间。其结构如图 1.2.16 所示。

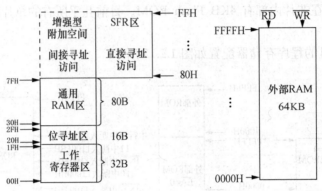

图 1.2.16 80C51 数据存储器结构

1. 片内低 128B RAM

片内低 128B RAM 单元分为工作寄存器区、位寻址区、通用 RAM 区 3 部分。

（1）工作寄存器区

80C51 单片机内部低 32B 单元分成 4 个工作寄存器组，每组占 8 个单元，分别用 R0～R7 来表示。单片机运行时只能允许一个工作寄存器组作为当前工作寄存器组。

当前工作寄存器组的选择由特殊功能寄存器中的程序状态字寄存器 PSW 的 RS1、RS0 两位来决定，选择方法如表 1.2.1 所示。

表 1.2.1 　　　　　　　　　　　　　　 当前工作寄存器组的选择

RS1	RS0	工作寄存器组	R0～R7 的地址
0	0	0 组	00H～07H
0	1	1 组	08H～0FH
1	0	2 组	10H～17H
1	1	3 组	18H～1FH

（2）位寻址区

80C51 单片机具有位处理功能，因此存储空间有一个位寻址区，位于片内 RAM 的 20H～2FH 单元中，16 个单元共 128 位，其地址范围为 00H～7FH。该区也可以作为普通的 RAM 单元使用，进行字节操作。

（3）通用 RAM 区

位寻址区之后的 30H～7FH 共 80 字节单元作为通用 RAM 区。这些单元作为数据缓冲区，在实际应用中 80C51 的堆栈一般设在 30H～7FH 范围中。

2. 片内高 128B RAM

80C51 单片机片内高 128B RAM 分布了 21 个特殊功能寄存器，它们分散在 80H～FFH

地址中，字节地址能被 8 整除的单元可以进行位寻址。21 个特殊功能寄存器地址分配如表 1.2.2 所示。

表 1.2.2　　　　　　　　80C51 特殊功能寄存器位地址及字节地址表

SFR	位地址/位符号（有效位 83 个）								字节地址
P0	87H	86H	85H	84H	83H	82H	81H	80H	80H
	P0.7	P0.6	P0.5	P0.4	P0.3	P0.2	P0.1	P0.0	
SP									81H
DPL									82H
DPH									83H
PCON	按字节访问，但相应位有特定含义								87H
TCON	8FH	8EH	8DH	8CH	8BH	8AH	89H	88H	88H
	TF1	TR1	TF0	TR0	IE1	IT1	IE0	IT0	
TMOD									89H
TL0									8AH
TL1									8BH
TH0									8CH
TH1									8DH
P1	97H	96H	95H	94H	93H	92H	91H	90H	90H
	P1.7	P1.6	P1.5	P1.4	P1.3	P1.2	P1.1	P1.0	
SCON	9FH	9EH	9DH	9CH	9BH	9AH	99H	98H	98H
	SM0	SM1	SM2	REN	TB8	RB8	TI	RI	
SBUF									99H
P2	A7H	A6H	A5H	A4H	A3H	A2H	A1H	A0H	A0H
	P2.7	P2.6	P2.5	P2.4	P2.3	P2.2	P2.1	P2.0	
IE	AFH	AEH	ADH	ACH	ABH	AAH	A9H	A8H	A8H
	EA	—	—	ES	ET1	EX1	ET0	EX0	
P3	B7H	B6H	B5H	B4H	B3H	B2H	B1H	B0H	B0H
	P3.7	P3.6	P3.5	P3.4	P3.3	P3.2	P3.1	P3.0	
IP	BFH	BEH	BDH	BCH	BBH	BAH	B9H	B8H	B8H
	—	—	—	PS	PT1	PX1	PT0	PX0	
PSW	D7H	D6H	D5H	D4H	D3H	D2H	D1H	D0H	D0H
	CY	AC	F0	RS1	RS0	OV	—	P	
ACC	E7H	E6H	E5H	E4H	E3H	E2H	E1H	E0H	E0H
	ACC.7	ACC.6	ACC.5	ACC.4	ACC.3	ACC.2	ACC.1	ACC.0	
B	F7H	F6H	F5H	F4H	F3H	F2H	F1H	F0H	F0H
	B.7	B.6	B.5	B.4	B.3	B.2	B.1	B.0	

这里先介绍几个特殊功能寄存器，其他的 SFR 将在以后的章节中结合具体功能部件进行说明。

累加器 ACC：地址为 E0H，存放操作数和运算结果，是单片机中使用最频繁的寄存器。

B 寄存器：地址为 F0H，在乘法或除法运算时存放乘数或除数，运算后，B 寄存器存放乘积的高 8 位或余数。B 寄存器也可以作为一般的寄存器使用。

堆栈指针 SP：存放堆栈栈顶地址。数据入栈时，SP 自动加 1；数据出栈时，SP 自动减 1。

数据指针 DPTR：用来存放 16 位的地址，是唯一的一个 16 位 SFR。DPTR 可以分为高 8 位和低 8 位单独使用，即 DPH 和 DPL。

程序状态字 PSW：程序状态字用于存放程序运行状态信息，各标志位如表 1.2.3 所示。

表 1.2.3　　　　　　　　　　　　　　　　程序状态字

位序	D7	D6	D5	D4	D3	D2	D1	D0
位标志	Cy	AC	F0	RS1	RS0	OV	—	P

Cy：进位标志位。在加法或减法运算时，D6 向 D7 有进位借位，Cy 为 1，否则为 0。

AC：辅助进位标志位。在加法或减法运算时，D3 向 D4 有进位或借位，AC 为 1，否则为 0。

F0：用户标志位，用户可以自行定义。

RS1、RS0：当前寄存器组的选择位。

OV：溢出标志位。D6、D7 进位或借位不同时则发生溢出，即 OV 为 1，否则为 0。

P：奇偶标志位。当累加器 ACC 中 1 的个数为奇数时，P 为 1，否则为 0。

程序计数器 PC：16 位的 PC 不属于特殊功能寄存器。其存放的内容是下一个要取的指令的 16 位存储单元地址。也就是说，CPU 总是把 PC 的内容作为地址，从 ROM 中取出指令，然后执行。每取出一条指令后，PC 的值自动加 1。

3. 片外 RAM

单片机在内部 RAM 不够用的情况下需要扩展片外 RAM。扩展片外 RAM 需要构建单片机的三总线结构，硬件电路较为复杂，因此，现在许多单片机直接把外部 RAM 集成进单片机内部，但是访问时仍采用外部 RAM 的访问方法。如前述及的 STC12C5A60 系列单片机，其内部 RAM 为 1280B，就是由内部 256B 加外部 1024B 构成的。其内部 256B 采用 MOV 指令访问，而超过 256B 的部分采用 MOVX 访问。若是采用 C 语言编程，则分配变量时要加上 xdata 进行定义。

【思考与练习】

1．AT89C51 单片机的工作电压为＿＿＿＿＿V，其复位端是＿＿＿＿＿电平复位。

2．51 单片机的内部数据存储器可分为 3 个部分，即通用工作寄存器区、＿＿＿＿＿、＿＿＿＿＿，其中通用工作寄存器区的地址范围为＿＿＿＿＿～＿＿＿＿＿。

3．51 单片机 4 个 I/O 口中，＿＿＿＿＿口为开漏极结构，作普通 I/O 口使用时需要外接上拉电阻。P3 口中，外部中断占用＿＿＿＿＿脚和＿＿＿＿＿脚，定时器计数输入端占用＿＿＿＿＿脚和＿＿＿＿＿脚。

4．当单片机的 PSW = 18H 时，这时当前的工作寄存器是第＿＿＿＿组，其中 R4 所对应的存储单元地址为＿＿＿＿H。

5．堆栈指针用＿＿＿＿表示，单片机上电复位后其指向地址＿＿＿＿H。

6．AT89C51 的内部数据存储器大小是＿＿＿＿字节，程序存储器大小为＿＿＿＿字节，RAM 中位寻址区的起止范围是＿＿＿＿H～＿＿＿＿H。

7．PC 是程序指针，具有＿＿＿＿功能，永远指向＿＿＿＿指令。

8．51 单片机的系统时钟频率为 6MHz 时，机器周期为＿＿＿＿。

第3章 51单片机汇编语言程序设计

3.1 51单片机指令系统

1. 指令概述

计算机能够按照人们的意思工作，是因为人们给了它相应的命令。这些命令是由计算机所能识别的指令组成的。指令是CPU用于控制功能部件完成某一指定动作的指示和命令。

一台计算机所具有的所有指令的集合，就构成了指令系统。指令系统越丰富，说明CPU的功能越强大。一台计算机能执行什么样的操作，是在计算机设计时制定的。一条指令对应某一种基本操作。由于计算机只能识别二进制，所以指令必须用二进制形式来表示，故而又被称为指令的机器码或机器指令。

2. 指令格式

MCS-51单片机指令系统共有33种功能、42种助记符、111条指令。

采用助记符表示的语言叫汇编语言，其格式为：

[标号：] 操作码 [操作数] [，操作数] [；注释]

可见，一条完整的汇编语言指令由标号、冒号、操作码、操作数、分号、注释6部分组成。

标号是程序给定指令的符号地址，可有可无，标号后必须用冒号。

操作码表示指令的操作种类，如MOV表示数据传送操作，ADD表示加法操作等。

操作数或操作地址表示参加运算的数据或数据的有效地址。操作数可以是1个、2个、3个或没有。操作数之间必须用逗号相隔。

注释是对指令的解释说明，用以提高程序的可读性，必须加分号。

3. 指令符号

A：累加器，用于运算及存放数据。

B：专用寄存器，用于MUL和DIV指令中，存放第二操作数、乘积高位字节。

Cy：进位标志位，或布尔处理器中的累加器。

bit：内部RAM或专用寄存器中的直接寻址位。

/bit：位地址单元内容取反。

DPTR：16位数据指针，也可作为16位地址寄存器。

Rn：工作寄存器中的寄存器Rn，R0～R7之一。

Ri：工作寄存器中的寄存器R0或R1。

#data：8位立即数。

#data16：16 位立即数。

direct：片内 RAM 或 SFR 的地址（8 位）。

@：间接寻址寄存器。

addr11：11 位目的地址。

addr16：16 位目的地址。

rel：补码形式的 8 位地址偏移量。偏移范围为－128～127。

/：位操作指令中，该位求反后参与操作，不影响该位。

X：片内 RAM 的直接地址或寄存器。

(X)：相应地址单元中的内容。

→：将箭头左边的内容送入箭头右边的单元内。

3.2　51 单片机汇编语言指令

【任务二】数据存储与搬移

任务目的

通过完成大块数据的搬移，理解数据传送类指令的功能，掌握该类指令中操作数的组成规律，进而理解性记忆；掌握 KEIL 开发平台的调试方法，内部数据存储器单元的观察方法。

任务要求

将内部数据存储器中 30H 开始的连续 20 个单元的数据，按顺序搬移到 63H、62H、…、50H 中。使用 KEIL 软件 "MEMORY WINDOW" 检验程序的正确性。

任务完成时间

2 学时。

任务情景描述

1. 参考代码

```
        ORG 0000H      ; 汇编伪指令，表示程序从这里开始装载
MAIN:   MOV R7,#20     ; 循环变量，表示有 20 个数据要赋初值
        MOV R0,#30H    ; 内部数据指针指向数据块 1 首地址
        CLR A          ; 将 A 清零备用
NEXT:   INC A          ; 将 A 内容加 1（把数据从 1 开始逐个递增地存入 30H 开始的单元）
        MOV @R0,A      ; 开始赋初值
        INC R0
        DJNZ R7,NEXT   ; 循环控制，数据未传完，R7 不为 0，返回 NEXT 继续赋值
        MOV R0,#30H    ; 内部数据指针指向数据块 1 首地址
        MOV R1,#63H    ; 内部数据指针指向数据块 2 首地址
        MOV R7,#20     ; 循环变量，表示有 20 个数据要传送
LOOP:   MOV A,@R0      ; 取指针所指地址中的数据送入 A
        MOV @R1,A      ; 将 A 中数据发送到 R1 指针所指单元
        DEC R1         ; 指针指向数据块 2 的下一个地址
        INC R0         ; 指针指向数据块 1 的下一个地址
        DJNZ R7,LOOP   ; 循环控制，数据未传完，R7 不为 0，返回 LOOP 继续工作
```

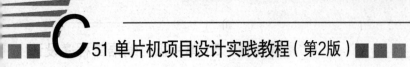

```
        SJMP $          ; 动态停机，便于调试时停止程序
        END             ; 汇编伪指令，表示程序汇编结束
```

2. 任务实践过程

使用 KEIL 平台对上述参考代码进行输入、编译后，单击"Debug\Start\Stop Debug Session"或按"Ctrl＋F5"，进入调试界面；打开"View\Memory Window"，在"Adress"栏输入"D:0X30"回车，就可以看到内部 RAM 中 30H 开始以后的各单元内容；打开"Debug\Step over"或按 F10，单步调试程序，观察 RAM 变化。在程序执行完，至"SJMP $"动态停机后，结果如图 1.3.1 所示。我们可以很清楚地看到，数据从 30H 开始的单元按反顺序依次搬入了 50H 开始的 20 个单元。

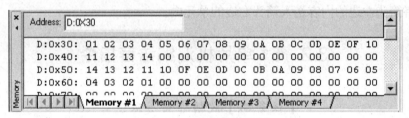

图 1.3.1　数据搬移结果

任务总结

数据搬移经常在实际任务中出现。本次任务使用了间接寻址方式（指针方式）进行数据传送，体现出了间址寄存器（内部数据指针）在数据访问、传送时的便利，可与 C 语言中指针相对应起来学习，为后续的单片机 C51 知识做好铺垫。

拓展理论学习

1. 数据传输指令

数据传输指令是单片机中最常用的指令，共有 29 条，如前面的任务二中的 MOV R7，#20，就是一条典型的数据传输类指令。数据传送指令大概可分为数据传送、数据交换与堆栈操作 3 类。

要说明的是，构成操作数的单元主要有：A，Rn，@Ri，direct，#data。绝大多数指令就是这些操作数在配对。但是有些是不能配对的，如 Rn 和@Ri 之间、它们自身之间，都不能互传数据。当然，还有#data 不能当目的操作数。理解这些对指令的记忆是非常有好处的。

（1）数据传送指令

① 以累加器 A 为目的的操作数指令。

```
MOV   A,Rn       ; A ←(Rn)
MOV   A,direct    ; A ←(direct)
MOV   A,@Ri      ; A ←((Ri))
MOV   A,#data     ; A ← data
```

② 以寄存器 Rn 为目的的操作数指令。

```
MOV   Rn,A       ; Rn ←(A)
MOV   Rn,direct    ; Rn ←(direct)
MOV   Rn,#data     ; Rn ←data
```

③ 以直接地址为目的的操作数指令。

```
MOV   direct,A          ; direct ←(A)
MOV   direct,Rn         ; direct ←(Rn)
MOV   direct1,direct2   ; direct1 ←(direct2)
MOV   direct,@Ri        ; direct ←((Ri))
MOV   direct,#data      ; direct ← data
```

④ 以间接地址为目的的操作数指令。

```
MOV   @Ri,A        ;(Ri)←(A)
MOV   @Ri,direct   ;(Ri)←(direct)
MOV   @Ri,#data    ;(Ri)← data
```

⑤ 16 位数据传送指令。

```
MOV DPTR,#Data16 ; DPTR←data16
```

这条指令是把指令码中的十六位立即数送入 DPTR，其中高八位送入 DPH，低八位送入 DPL。

⑥ 查表指令。

```
MOVC   A,@A + PC     ;(PC)← PC + 1，A ←(A + PC)
MOVC   A,@A + DPTR   ; A←((A) + (DPTR))
```

例：

```
1000H：MOV A,#0EH
1002H：MOVC A,@A + PC
1010H：01
1011H：02
1012H：03
```

指令执行过程：0EH→A，（0EH + 1003H）→A

执行后 A = 02H，PC = 1003H。

⑦ 累加器 A 与片外数据存储器传送指令。

```
MOVX   A,@Ri       ; A ←((P2Ri))
MOVX   A,@DPTR     ; A ←((DPTR))
MOVX   @Ri,A       ;( P2Ri)←(A)
MOVX   @DPTR,A     ;(DPTR)←(A)
```

（2）堆栈操作指令

```
PUSH   direct   ; SP ←(SP) + 1,(SP)←(direct)
POP    direct   ; direct ←((SP)),SP ←(SP)-1
```

（3）数据交换指令

① 字节交换。

```
XCH   A, Rn       ;(A) ←→(Rn)
XCH   A, direct   ;(A) ←→(direct)
XCH   A, @Ri      ;(A) ←→((Ri))
```

> 练习题：
>
> 1. 已知(30H)=78H，(31H)=96H，(R0)=31H，说明下列指令依次运行过程中寄存器 A 的结果。
>
>   MOV   A,@R0
>   XCH   A,30H
>   SWAP   A
>   XCHD   A,@R0
>
> 2. 写指令，将单片机内部 30H 单元的数据传送给外部存储器 2000H 单元。

② 半字节交换。

XCHD   A, @Ri

低四位相交换，而高四位保持不变。

③ 累加器 A 的高四位与低四位内容互换。

SWAP   A

2. 算术运算类指令

单片机具有丰富的算术运算指令，可以进行加、减、乘、除及加 1、减 1 等各类算术运算。运算指令共有 24 条。

(1) 加法指令

① 不带进位的加法指令。

ADD   A, Rn   ; A ←(A) + (Rn)

ADD   A,direct   ; A ←(A) + (direct)

ADD   A,#data   ; A ←(A)+ data

ADD   A, @Ri   ; A ←(A) + ((Ri))

② 带进位的加法指令。

ADDC   A,Rn   ;(A) + (Rn) + Cy →A

ADDC   A,direct   ;(A) + (direct) + Cy→A

ADDC   A, @Ri   ;(A) + ((Rn)) + Cy →A

ADDC   A, #data   ;(A) + data + Cy →A

③ 增量（加1）指令。

INC   A   ;(A) + 1 → A

INC   Rn   ;(Rn) + 1 →Rn

INC   direct   ;(direct) + 1 →direct

INC   @Ri   ;((Ri)) + 1 →(Ri)

INC   DPTR   ; ((DPTR)) + 1 →DPTR

(2) 减法指令

① 带借位的减法指令。

SUBB   A,Rn   ;(A)-(Rn)-Cy → A

```
SUBB    A,direct    ;(A)-(direct)-Cy → A
SUBB    A, @Ri      ;(A)-((Ri))-Cy → A
SUBB    A,#data     ;(A)-data-Cy → A
```

② 减量（减 1）指令。

```
DEC    A            ;(A)-1 → A
DEC    Rn           ;(Rn)-1 → Rn
DEC    direct       ;(direct)-1 → direct
DEC    @Ri          ;((Ri))-1 →(Ri)
```

（3）十进调整指令

```
DA     A
```

指令对 BCD 码加法运算结果自动修正，使结果为压缩的 BCD 码。指令在 ADD 或 ADDC 后使用。

例如：设（A）= 88H，（R7）= 35H，执行如下指令。

```
ADD    A,R7
DA     A
```

结果为：（A）= 23H，Cy = 1。

（4）乘法指令

MUL   AB ;A*B→AB，高八位→B，低八位→A。

例如：设（A）= 4EH，（B）= 5DH，执行如下指令。

```
MUL AB
```

结果为：（A）= 56H，（B）= 1CH，OV = 1，Cy = 0。

（5）除法指令

DIV   AB   ;A/B 的商→A,余数→B

练习题：

1. 已知(A)=08H，(30H)=78H，(31H)=96H，(R0)=31H，(CY)=0，说明下列指令依次运行后，相关寄存器的值。

```
ADD    A, 30H
ADDC   A,@R0
INC    A
DIV    A,#2
```

2. 下列程序实现了单字节十六进制数转换成 BCD 码数，其中，被转换的十六进制数在 A 中，转换完成后，百位在 R3 中，十位和个位在 A 中，试分析其功能。

```
MOV B,#100
    DIV AB
MOV R3,A
    MOV A,#10 ;
    XCH A,B
    DIV AB
    SWAP A
    ADD A,B
```

3. 逻辑运算类指令

MCS-51 拥有丰富的逻辑运算指令，可以进行清除、求反、移位、与、或、异或等操作。逻辑运算类指令共有 34 条。

（1）对累加器 A 的单操作数的逻辑操作指令

① CLR　A；　(A) = 0

该指令的功能是将累加器 A 的内容清为 0，即 (A) = 0，不影响 Cy、AC、OV 标志，只影响 P 标志。

② CPL　A；　($\overline{A}$) → A

该指令的功能是将累加器 A 的内容逐位逻辑取反，不影响标志位。

③ A 循环移位指令

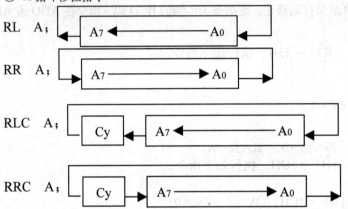

（2）两操作数的逻辑操作指令

① 逻辑与指令。

ANL A,Rn　　　　　 ; A ←(A)∩(Rn)

ANL A,direct　　　 ; A ←(A)∩(direct)

ANL A, @Ri　　　　 ; A ←(A)∩((Ri))

ANL A,#data　　　　; A ←(A)∩ data

ANL direct,A　　　 ; direct ←(A)∩(direct)

ANL　direct,#data　; direct ←(direct)∩ data

② 逻辑或指令。

ORL　A,Rn　　　　　; A ←(A)∪(Rn)

ORL　A,direct　　　; A ←(A)∪(direct)

ORL　A,@Ri　　　　 ; A ←(A)∪((Ri))

ORL　A,#data　　　 ; A ←(A)∪ data

ORL　direct,A　　　; direct ←(direct)∪(A)

ORL　direct,#data　; direct ←(direct)∪ data

③ 逻辑异或指令。

XRL A,Rn　　　　　 ; A ←(A) ⊕(Rn)

XRL A,direct　　　 ; A ←(A) ⊕(direct)

XRL A,@Ri   ; A ←(A) ⊕((Ri))

XRL A,#data   ; A ←(A) ⊕ data

XRL direct,A   ; direct ←(direct) ⊕ (A)

XRL direct,#data   ; direct ←(direct) ⊕ data

练习题：

1. 已知(A)=7FH，(30H)=07H，(31H)=F0H，(R1)=31H，说明以下每条指令依次执行后 A 的结果。

    ANL   A,30H

    ORL   A,@R1

    CPL   A

    XRL   A,#0A5H

    RL   A

2. 使用逻辑运算类指令实现以下功能：

    将 A 中最低 2 位清零；

    将 A 中最高 2 位置 1；

    将 A 中第 3 位和第 4 位取反。

---

4. 控制转移类指令

转移控制类指令分为无条件转移、条件转移和调用子程序及返回指令，共 24 条。

(1) 无条件转移指令

① 绝对短跳转指令。

AJMP   addr 11   ; PC←PC + 2,PC.10～PC.0←addr11

PC 的高五位地址不变，指令中给出的十一位地址送 PC 的低十一位所组成下一条指令的地址。

例如：1830H：AJMP   0745H   0001100000110000

执行后 PC = 1F45H，(0001111101000101) 即下一条指令的地址是 1F45H。当用符号地址时要注意跳转的距离，跳转的跨度不能超过 2KB。

② 相对短跳转指令。

SJMP   rel ; (PC) + 2+rel→PC, rel 以补码表示。

例如：有指令为 THISL：SJMP   THATL，设标号 THISL 处的地址为 0100H，标号 THATL 的地址为 0155H。可按下式计算偏移量：0100H + 2+rel = 0155H，rel = 53H。但若标号 THATL 的地址为 0FEH，则 0100H + 2+rel = 0FEH，rel (=−4H) = 0FCH。

③ 长转移指令。

LJMP   addr 16；PC←addr 16

直接由指令给出下一条指令的地址。

例如：在程序存储器 0000H～0002H 单元中存放指令

LJMP   2030H

④ 间接转移指令（散转指令）。

JMP　　@A + DPTR; PC←A + DPTR

A 中为 8 位无符号数。

例如：要求根据 A 的内容（表中序号）转移到处理程序 K0～K2。

MOV　　DPTR,#JPTBL

MOV　R3　,A

RL　　A

ADD A,R3

JMP'　　@A + DPTR

JPTBL:　　LJMP　K0

　　　　　LJMP　K1

　　　　　LJMP K2

因为跳转表 JPTBL 中指令长度为 3 字节，所以程序中将 R3 乘以 3。

（2）条件转移指令

① 累加器 A 判零指令。

JZ　　rel　　;(A) = 0 则转移到 PC←(PC) + 2+rel,否则执行下一条指令

JNZ rel　　;(A) ≠ 0 则转移到 PC←(PC) + 2+rel; 否则执行下一条指令

② 比较转移指令。

CJNE　　　A,direct,rel

CJNE　　　A,#data,rel

CJNE　　　Rn,#data,rel

CJNE　　　@Ri,#data,rel

这 4 条指令的功能是，比较两个操作数的大小，如果它们的值不相等，则转移，否则执行下一条指令。若第一操作数大于等于第二操作数，则 Cy = 0，反之 Cy = 1。注意：比较指令不改变操作数。以第一条指令为例指令执行过程为

（A）=（direct），则（PC）+3→PC；

（A）≥（direct），则（PC）+3+rel→PC，Cy = 0；

（A）<（direct），则（PC）+3+rel→PC，Cy = 1。

③ 减 1 不为零跳转指令。

DJNZ　　Rn,rel　　　　　; PC←(PC) + 2

DJNZ　　direct,rel　　　; PC←(PC) + 3

操作数减 1 不等于 0 就转移到 PC←(PC) + rel，否则执行下一条指令。

（3）调用子程序及返回指令

① 调用子程序指令。

LCALL　　adrr16　;　　PC←PC + 3,SP←SP + 1,(SP)←PC7～0

　　　　　　　　　　　　SP←SP + 1,(SP)←PC15～8, PC←addr16

ACALL　　addr11;　　　PC←PC + 2,SP←SP + 1,(SP)←PC7～0

　　　　　　　　　　　　SP←SP + 1,(SP)←PC15～8, PC←addr11

② 返回指令。

RET　　　；　　PC15～8←(SP),SP←SP-1

　　　　　　　　 PC7～0←(SP),SP←SP-1

RETI　　；　　PC15～8←(SP),SP←SP-1

　　　　　　　　 PC7～0←(SP),SP←SP-1

③ 空操作指令。

NOP;

5. 位操作类指令

在 MCS-51 系列单片机中，有一个布尔处理器，这个处理器有什么作用呢？它能对指令中字节的某一位进行位操作。任务一用的就是位操作，对一个开关量进行控制。位操作有什么好处呢？我们前面所学的指令都是对字节进行控制，在处理一些数字量时非常方便，但对于开关量来说就不直观了，所以在单片机中引入了一个位处理的概念，它能更直观地表示一个开关量的变化。位操作指令共有 17 条。

（1）位数据传送指令

MOV　C,bit　　；Cy ←(bit)

MOV　bit,C　　；bit ←(Cy)

bit 可用直接位地址，也可用点操作符号表示。

例如：

MOV　C ,07H

MOV　P1.7,C

（2）位变量修改指令

CLR　C　　　；C ← 0

CLR　bit　　；bit ← 0

CPL　C　　　；C ←(C)

CPL　bit　　；bit ←(bit)

（3）位逻辑运算指令

ANL　C,bit　　；C ← (C)∩(bit)

ANL　C,/bit　　；C ← (C)∩(bit)

ORL　C,bit　　；C ← (C)∪(bit)

ORL　C,/bit　　；C ← (C)∪(bit)

例：设（P1）= 06H，Cy = 1，顺序执行以下指令

ANL　C,P1.0　；Cy = 0,(P1) = 06H

ORL　C,P1.2　；Cy = 1,(P1) = 06H

ANL　C,/P1.1 ；Cy = 0,(P1) = 06H

ORL　C,/P1.3 ；Cy = 1,(P1) = 06H

结果为：Cy = 1，（P1）= 06H。

（4）位控制转移指令

JC　rel　；若 Cy = 1，则(PC) + 2+rel→PC，若 Cy = 0，则(PC) + 2→PC

JNC rel　；若 Cy = 0，则(PC) + 2+rel→PC，若 Cy = 0，则(PC) + 2→PC

JB bit,rel；若(bit) = 1，则(PC) + 3+rel→PC，若(bit) = 0，则(PC) + 3→PC

JNB bit,rel；若(bit) = 0，则(PC) + 3+rel→PC，若(bit) = 0，则(PC) + 3→PC

JBC bit,rel；若(bit) = 1，则(PC)＋3+rel→PC，且(bit)清零，若(bit) = 0，则(PC + 3)→PC

任务拓展训练

① 完成单字节 BCD 码数转换成单字节十六进制数。

② 完成单字节十六进制数转换成 BCD 码数，其中 BCD 码百位存入 R6，十位和个位存入 R7。

③ 使用汇编语言设计程序，实现 8 个 LED 左右循环流动点亮的流水灯。

3.3 伪 指 令

伪指令又称汇编程序控制译码指令，它没有相对应的操作码，是在单片机中用来给寄存器定义或赋值的特殊指令。常见汇编语言伪指令如下。

1. ORG（起始汇编）伪指令

它常用于汇编语言源程序或数据块的开头，用来指示汇编程序开始对源程序进行汇编。其格式为：ORG 16 位地址或标号。

2. END（结束汇编）伪指令

它常用于汇编语言源程序末尾，用来指示源程序到此全部结束。其格式为：[标号：] END。上述格式中，标号段通常省略。在机器汇编时，汇编程序检测到该语句，它就确认汇编语言源程序已经结束，对 END 后面的指令不予汇编。因此，一个源程序只能有一个 END 语句，而且必须放在整个程序的末尾。

3. EQU（赋值）伪指令

它用于给它左边的"字符名称"赋值。EQU 伪指令格式为：字符名称 EQU 数据或汇编符。一旦"字符名称"被赋值，它就可以在程序中作为一个数据或地址来使用。EQU 伪指令中的"字符名称"必须先赋值后使用，故该语句通常放在源程序的开头，"字符名称"所赋的值可以是一个 8 位数据或地址，也可以是一个 16 位二进制数或地址。如有语句：buff EQU 30H，那么在程序中操作 buff 就像操作 30H 一样。

4. DATA（数据地址赋值）伪指令

DATA 伪指令称为数据地址赋值伪指令，也用来给它左边的"字符名称"赋值。其指令格式为：字符名称 DATA 表达式。DATA 伪指令功能和 EQU 伪指令类似，它可以把 DATA 右边"表达式"的值赋给左边的"字符名称"。这里表达式可以是一个数据或地址，也可以是一个包含所定义"字符名称"在内的表达式，但不可以是一个汇编符号（如 R0～R7）。DATA 伪指令和 EQU 伪指令的主要区别是：EQU 定义的"字符名称"必须先定义后使用，而 DATA 定义的"字符名称"没有这种限制，故 DATA 伪指令通常用在源程序的开头或末尾。

5. DB（定义字节）伪指令

DB（定义字节，Define byte）伪指令称为定义字节伪指令，可用来为汇编语言源程序在内存的某区域中定义一个或一串字节。其指令格式为：[标号：]DB 项或项表。其中，标号段为任选项，DB 伪指令能把它右边"项或项表"中数据依次存放到以左边标号为始址的存储单元中。如有语句：

DISP_CODE：DB 3FH,06H,5BH,4FH,66H
　　　　　　　DB　6DH,7DH,07H,7FH,90H

那么在程序存储器中就在以 DISP_CODE 标号为起始地址处，开辟了一个连续"字节"存储区域，依次存放 3FH,06H,5BH,4FH,66H, 6DH,7DH,07H,7FH,90H。

6．DW（定义字）伪指令

DW（定义字，Define word）称为定义字伪指令，用于为源程序在内存某个区域定义一个或一串字。相应位指令格式为 [标号：] DW 项或项表。其中，标号段为任选项。DW 伪指令的功能和 DB 伪指令的类似，其主要区别在于 DB 定义的是一个字节，而 DW 定义的是一个字（两个字节），因此，DW 主要用来定义一个 16 位的地址（高 8 位在前，低 8 位在后）。

如有语句：

DISP_CODE：DW 773FH,8806H,995BH,AA4FH,BB66H
　　　　　　　DW 6DH,7DH,07H,7FH,90H

那么在程序存储器中就在以 DISP_CODE 标号为起始地址处，开辟了一个连续"字"存储区域，按字节依次存放 77H,3FH,88H,06H,99H,5BH,AAH,4FH,88H,66H, 00H,6DH,00H,7DH,00H,07H,00H,7FH,00H,90H。

7．DS（定义存储空间）伪指令

DS（定义存储空间，Define storage）称为定义存储空间伪指令。DS 的格式为：[标号：] DS 表达式。上述格式中，标号段也为任选项，"表达式"常为一个数值。DS 语句可以指示汇编程序从它的标号地址（或实际物理地址）开始预留一定数量的内存单元，以备源程序执行过程中使用。这个预留单元的数量由 DS 语句中"表达式"的值决定。例如有语句：SPC：DS M，汇编程序对源程序汇编时，碰到 DS 语句便自动从 SPC（标号）地址开始预留 M（表达式的值）个连续内存单元。

8．BIT（位地址赋值）伪指令

BIT 称为位地址赋值伪指令，用于给以符号形式的位地址赋值。BIT 伪指令的格式为：字符名称 BIT 位地址。该语句的功能是把 BIT 右边的"位地址"赋给它左边的"字符名称"。在对"位"进行定义时，BIT 伪指令和 EQU 伪指令可以通用。如：

LED BIT P1.0 ;
LED BIT 90H;
LED EQU P1.0;
LED EQU 90H

4 条语句功能是一样的，都是告诉编译器，遇到 LED 时，就用 LED 或 90H 替代，都是操作单片机的 P1.0 引脚。

3.4　汇编语言与 C 语言接口方法

在单片机产品开发中，C 语言具有可移植性强和可读性好等优点，而汇编语言的高效、快速及可直接对硬件进行操作等优点又是 C 语言所难以达到的，将这两种语言的优点完美地结合，就能达到非常好的效果，也就是所谓的混合编程。即在一个项目中，同时使用 C

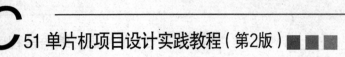

和汇编两种语言。C 语言和汇编语言混合编程的方法形式多样，可以是以汇编语言为主体，在其中内嵌部分 C 语言；也可以是以 C 语言为主体在其中加入部分汇编语言（此方法实用价值较高，而被工程师们广泛采用）。在此方法中，用汇编语言编写对有关硬件的驱动和处理复杂的算法等实时性要求较高的基础部分，来满足单片机对某些硬件高效、快速、精确的处理等性能上的要求，用 C 语言来编写程序的主体部分，这样就将 C 语言的可移植性强和可读性好与汇编语言的高效、快速及可直接对硬件进行操作等优点相结合。两者优劣互补、相得益彰，加快产品的开发周期，具有极高的现实意义和实用价值。

在 KEIL C51 中加入的汇编代码需按照其编译器中约定的规则才可以实现 C 语言程序对汇编代码的调用，即 KEIL C51 的函数命名规则和参数传递规则。

1. KEIL C51 函数的命名规则

在 KEIL C51 中，编译器对 C 语言程序中的函数会自动地进行转换，转换规则如表 1.3.1 所示。

表 1.3.1　　　　　　　　　　通过寄存器传递的函数参数表

函数属性	函数举例	汇编语言段中的函数名
无参数或无寄存器参数传递的函数	void func1（void）	func1
含通过寄存器传递的参数	void func2（int）	_func2
可重入函数	void func3（char）reentrant	_?func3

2. KEIL C51 函数的参数传递规则

KEIL C51 中 C 语言与汇编语言的函数接口传递规则如表 1.3.2、表 1.3.3 所示。

表 1.3.2　　　　　　　　　　通过寄存器传递的函数参数表

参数长度	第 1 个形参	第 2 个形参	第 3 个形参
1 字节（char）	R7	R5	R3
2 字节（int）	R6（H）R7	R4（H）R5	R2（H）R3
3 字节（通用指针）	R1（H）～R3		
4 字节（long）	R4（H）～R7		

表 1.3.3　　　　　　　　　　函数返回值使用的寄存器列表

返回类	使用的寄存器
位数据（bit）	位累加器 CY
1 字节（char）	R7
2 字节（int）	R6（H）R7
3 字节（通用指针）	R3（类型）R2（H）R1
4 字节（long）	R4（H）～R7
4 字节（float）	R4（H）～R7，32 位 IEEE 格式，指数和符号位在 R7

在混合编程中，最常用也是最实用的方法是在 C 语言中加入部分汇编语言的代码，分为两种方法。

① 在 Keil C51 的函数中直接插入汇编语句。

例如，编译控制命令#pragma asm（用来标识所插入的汇编语句的起始位置）和#pragma endasm（用来标识所插入的汇编语句的结束位置），这两条命令必须成对出现，并可以多次出现。在 Keil C51 中不对插入的汇编代码做任何的处理。

② 按照 Keil C51 接口规则，编写汇编模块。

编写汇编模块，需对 KEIL 编译器的编译过程做些了解。Keil 编译器的编译过程是首先将项目中的一个个源文件编译为目标代码（obj 文件），然后再通过连接器产生为最终可执行的 hex 文件。

目标代码将其中的代码、数据、常量放在不同的"段"中，保存程序的段称为"代码段"，保存数据的段称为"数据段"，最终目标代码经过 Keil 的连接器按照"段"的要求转换为程序和数据地址固定的可执行文件。

在 Keil 软件中，"段"按定位属性分为"可重定位段"和"绝对段"。

"可重定位段"：程序和数据在其分别所对应的存储单元（FLASH 和 RAM）中的存储地址是浮动的、可重定义的、相对可变的。

"绝对段"：其地址在连接前就已确定不变，连接器据此为它分配地址。

经 Keil 编译器生成的"段"具有如下属性。

① 段的存储属性有 program，code，data，pdata，xdata，bdata，bit 等。

② 段的起始地址：段在程序存储器中进行存放的首地址。

③ 段的长度：段所占的字节数。

④ 段的定位要求：绝对段地址固定，可重定位段定位的要求如要求代码段在 2K 范围内，数据段定位在可位寻址区等。

⑤ 段名：包括程序和数据（变量和常量）的段的存储属性及段所属的程序模块（文件）。

代码段如：?PR? funcname? Filename

数据段如：?DT? funcname? Filename; ?BI? funcname? Filename

汇编模块"段"定义符号及其对应的存储类型与含义如表 1.3.4 所示。

表 1.3.4　　　　　　　　　　　　　标准段名前缀列表

段前缀	存储类型	含义
?PR?	program	程序存储区的代码
?CO?	code	程序存储区的常量
?BI?	bit	内部数据存储区的可位寻址的位变量
?BA?	bdata	内部数据存储区的可位寻址的字节变量
?DT?	data	内部数据存储区的变量
?ID?	idata	内部数据存储区可间接寻址的变量
?PD?	pdata	外部数据存储区的页变量
?XD?	xdata	外部数据存储区的变量

关于汇编语言与 C 语言混合编程的具体案例，读者可参考本书项目八：51 单片机人机交互接口技术（二）——液晶平台显示按键值。

【思考与练习】

1. 汇编语言语句的格式由_____、_____、_____、_____、_____、_____ 6 部分组成。

2. 判断下列指令和陈述是否正确。

MOV A, R2	（　）	ADD A, 70H	（　）
MOV A, @A + PC	（　）	DIV A, B	（　）
MOVX @R0,A	（　）	DEC DPTR	（　）
XCHD A, R1	（　）	PUSH 70H	（　）
SJMP　$	（　）	ORL A, @R0	（　）

    子程序调用会引起堆栈操作。　　　　　　　　　　　　　　　　（　　）

    CJNE 指令可用来比较两个数的大小。　　　　　　　　　　　　（　　）

    堆栈的栈底也可以保存数据。　　　　　　　　　　　　　　　　（　　）

    MCS-51 汇编语言语句格式中，只有操作码是必不可少的。　　（　　）

3. 以下程序将单片机片外数据存储器从 2000H 开始连续存放的 8 个数据送到片内 30H 开始的单元中，试将程序补充完整。

```
        ORG 0000H
        AJMP MAIN
        ORG 0030H
MAIN：MOV  R7,#08H      ；设置循环量(8 个数)
        MOV  DPTR,#2000H ；设置外部数据指针
        MOV  R0,#30H     ；设置内部数据指针
LOOP：_____     ；将外部数据读入
        MOV  @R0,A
        _____    ；外部指针加 1
        _____    ；内部指针加 1
        _____    ；未传送完则继续循环传送
        SJMP $
```

4. 以下程序段实现了 30H 和 40H 两单元的数据互换，设 (30H) = 75H，(40H) = 80H。读程序，将注释填写完整。

```
Change：MOV  SP，#60H      ；设置堆栈指针
        PUSH  40 H
        PUSH  30 H          ；(SP) = ____
        POP   40 H          ；(40H) = ____  (SP) = ____
        POP   30 H          ；(30H) = ____  (SP) = ____
        RET
```

第 4 章　51 单片机 C 语言程序设计方法

　　C 语言因其良好的结构化设计风格及便于不同目标芯片间的程序移植等特点，在单片机应用程序设计中获得了广泛应用。一些运行于单片机上的实时操作系统（RTOS），如 UCOSII、REAL-ARM、RTX 等系统均采用 C 语言来描述内核，使得单片机程序设计向着结构化、复杂化、多任务化等方向发展，而且随着单片机中断能力的提高及软件设计方法的成熟，良好的实时性、稳定性、容错性程序也使得单片机在各领域中承担着越来越重要的工作。

　　不同的单片机具有不同的汇编语言，但是各自兼容的 C 语言差异不大，都是在标准 C 语言基础上进行了扩展。学好一种单片机的 C 语言程序设计后，在不学习汇编语言的前提下，可以很容易地转移到另一种单片机的应用上。

4.1　C51 程序结构与函数

　　本节通过"流水灯"设计任务来了解 C51 程序结构，认识函数在 C51 程序设计中的地位。

【任务三】单片机控制流水灯

任务目的

了解 C51 程序结构，初识 C 语言进行单片机设计的风格，认识 C51 程序与标准 C 的区别。

任务要求

根据图 1.4.1 所示，使用 PROTEUS ISIS 7 软件建立硬件环境，使用 KEIL 平台进行程序设计，完成图中 8 个 LED 每隔 1 秒的时间从右至左循环移动。

任务完成时间

4 学时。

任务情景描述

（1）硬件环境

图中 LED 采用共阳极接法，阴极分别由单片机的 P1 口控制。其中限流电阻为 $200\,\Omega$，设 VCC = 5V，LED 导通电压 2.0V，则 LED 电流为 $I =$（5V-2V）$/200\,\Omega$ = 15mA。在实际设计时，应根据 LED 的额定电流来计算限流电阻大小，当然也要考虑单片机 P1 口的灌电流承受能力。一般来说，51 单片机的 I/O 口可以承受 20mA 电流。

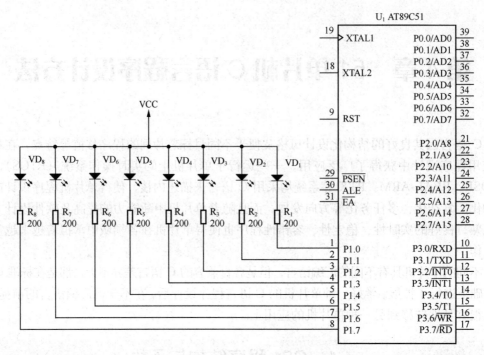

图 1.4.1 流水灯任务硬件环境

(2) 程序设计

```
#include <AT89X51.H>      //包含 51 单片机所有 SFR 定义的头文件
#define uchar unsigned char //宏定义，使用 uchar 表示无符号字符型数据，书写方便
#define uint unsigned int    //宏定义，使用 uint 来表示无符号数据类型
void delay(uint time);       //延时函数声明，先声明后使用
void main(void)              //主函数，前后两个 void 分别表示无返回值和无参数
{
    uchar i;                 //临时变量定义，用于循环次数控制
    uchar temp ;             //临时变量定义，用于中转显示状态
    while(1)                 //死循环，实际的单片机程序都是死循环
    {
        temp = 0x01;
        for(i = 0;i<8;i + +) //循环语句，用于 LED 移动到最左边后能够返回最右边
        {
         P1 = ~temp;         //LED 是低电平点亮，所以要对 temp 取反
         delay(100);         //延时一段时间，要能看到移动效果
         temp<< = 1;         //LED 左移语句
        }
    }
}
void delay(uchar time)       // 延时函数，这里只是一个演示作用，并不是 1s
{
    uchar i,j;
    for(i = time;i>0;i--)
        for(j = 100;j>0;j--);
}
```

将以上代码按照单片机应用系统设计流程，生成目标代码后下载至单片机，观察结果。

🎃 任务总结

一个简单的 C51 程序基本由 3 部分组成，即预处理命令（包括包含文件和宏定义等）、函数声明（还包括全局变量定义等）、主函数及其他函数。在主函数中，主要由死循环 while（1）来构成，所有语句都将按先后顺序安放在 while（1）下面的大括号中，并按先后顺序被循环执行。当然，以后会学习中断函数，它是在 main()函数以外定义的，在中断条件下能够打断 while（1）循环。

🎃 拓展理论学习

1. Keil C51 的函数和程序结构

Keil C51 的程序结构和一般的 C 语言差不多，为一个个函数的集合，其中至少应包含一个主函数 main()。不管主函数 main()位于什么位置，单片机总是从 main()开始执行。函数之间可以互相调用，但 main()函数只能调用其他的功能函数，不能被其他函数调用。功能函数可以是 Keil C51 编译器提供的库函数，也可以是用户自定义的函数。

不管是 main()主函数还是其他一般函数，都由"函数定义"和"函数体"两个部分构成。函数定义包括返回值类型、函数名（形式参数声明列表）等。函数体由一对大括号"{}"组成。函数体的内容由两类语句组成：一类为声明语句，用来对函数中将要用到的局部变量进行定义；另一类为执行语句，用来完成一系列功能或算法处理。所有函数在定义时都是相对独立的，一个函数中不能再定义其他函数。C 语言中的函数定义有 3 种形式：无参数函数、有参数函数、空函数。

① 无参数函数的定义形式为

```
返回值类型    函数名()
{函数体语句}
```

② 有参数函数的定义形式为

```
返回值类型    函数名(类型  形式参数 1, 类型  形式参数 2……)
{函数体语句}
```

③ 空函数的定义形式为

```
返回值类型    函数名()
{ }
```

函数返回值的类型应与函数定义的返回值类型相一致。C 语言中规定：凡不加函数返回类型说明的函数，都按整型 int 来处理。

函数调用的一般形式为

```
函数名(实参列表);
```

如果调用的是无参数函数，则"实参列表"可以没有，但括号不能省略。如果实参列表包含多个实参，则各参数之间用逗号隔开，实参与形参按顺序一一对应，类型一致。

按函数调用在程序中出现的位置，可以有以下两种函数调用方式。

① 函数语句：函数调用作为一个语句出现，这时不要求函数返回值，只要求函数完成一定的操作。例如：

```
delay(1000);  //通过调用 delay(1000)函数来完成一定时间的延时
```

② 函数表达式：函数调用出现在一个表达式中，这时要求函数返回一个确定的值，以参加表达式的运算。例如：c = 2*max（a,b）；

执行函数调用时，需具备以下条件。

① 首先被调用的函数必须是已经存在的函数（库函数或用户自己定义的函数）。

② 如果调用的是库函数，一般应在文件开头用#include 命令将调用有关库函数所用到的信息"包含"到本文件中来。

③ 如果调用的是自定义函数，而且该函数与调用它的函数在同一个文件中，一般还应该在主调用函数中对该函数作函数声明，即将有关信息通知编译系统。函数声明（也称函数原型）的形式有：

  返回值类型 函数名(参数 1 类型,参数 2 类型……);
  返回值类型 函数名(类型 参数名 1,类型 参数名 2……);

当被调用函数的定义出现在主调用函数之前，或者在所有函数定义之前，在函数的外部已作了函数声明，则主调用函数可以不加函数声明。

2. C 语言语法规则

① 每个变量必须先说明后引用，变量名的大小写是有差别的。

② C 语言程序一行可以书写多个语句，但每个语句必须以";"结尾，一个语句也可以多行书写。

③ C 语言的注释行可由"//"引起，注释段可由"/*……*/"括起。

④ "{"必须成对，位置任意，可紧挨在函数名后，也可另起一行；多个花括号可同行书写，也可逐行书写，为了层次分明，增加可读性，同一层的"{"应对齐，并采用逐层缩进进行书写。

3. C51 和 ANSI C 的函数差别

① C51 是针对 51 系列单片机的硬件对 ANSI C 的一种补充。扩展功能大致可分为 8 类：存储模式、存储器类型、位变量、特殊功能寄存器、C51 指针、中断函数的声明、寄存器组的定义、再入函数的声明等。C51 编译器扩展的关键字如表 1.4.1 所示。

② 一般在一个函数几次不同的调用过程中，ANSI C 会把函数的参数和所使用的局部变量入栈保护。

③ 在 C51 中，一个函数中的部分形参，有时还有部分局部变量会被分配到工作寄存器组中。

表 1.4.1   C51 编译器扩展关键字

关键字	用途	说明
bit	位变量声明	声明一个位变量或位类型函数
sbit	位变量声明	声明一个可位寻址的位变量
sfr	特殊功能寄存器声明	声明一个特殊功能寄存器（8 位）
sfr16	特殊功能寄存器声明	声明一个特殊功能寄存器（16 位）
data	存储器类型声明	直接寻址内部的数据存储器
bdata	存储器类型声明	可位寻址的内部数据存储器
idata	存储器类型声明	间接寻址内部的数据存储器，使用@R0、R1 寻址
pdata	存储器类型声明	间接寻址外部 256B 的数据存储器，使用@R0、R1 寻址

续表

关键字	用途	说明
xdata	存储器类型声明	间接寻址外部 64KB 的数据存储器，使用@DPTR 寻址
code	存储器类型声明	程序存储器，使用 MOVC 指令及相应的寻址方式
small	存储模式声明	变量定义 data 区，速度最快，可存变量少
compact	存储模式声明	变量定义在 pdata 区，性能介于 small 与 large 之间
large	存储模式声明	变量定义在 xdata 区，可存变量多，速度较慢
interrupt	中断函数声明	定义一个中断函数
using	寄存器组定义	定义工作寄存器组
reentrant	再入函数声明	定义一个再入函数

④ C51 中断函数的声明。

中断函数的声明通过使用 interrupt 关键字和中断号 n（$n = 0 \sim 31$）来实现。

      void   函数名()interrupt   n [using m];

中断号 n 和中断向量取决于单片机的型号，编译器从 $8n + 3$ 处产生中断向量。51 系列单片机常用中断源的中断号和中断向量如表 1.4.2 所示。using m 是一个可选项，用于指定中断函数所使用的寄存器组。指定工作寄存器组的优点是中断响应时，默认的工作寄存器组就不会被推入堆栈，节省了很多时间。缺点是所有被中断调用的函数都必须使用同一个寄存器组，否则参数传递会发生错误。

表 1.4.2   51 单片机中断源与中断号

中断源	中断号	中断向量 8n + 3
外部中断 0	0	0003H
定时器 0 溢出	1	000BH
外部中断 1	2	0013H
定时器 1 溢出	3	001BH
串行口中断	4	0023H
定时器 2 溢出（增强型单片机）	5	002BH

关键字 interrupt 不允许用于外部函数，它对中断函数的目标代码有影响。

🐛 任务拓展训练

根据所学 ANSI C 和单片机的知识，编写程序使 LED 先由右至左，再由左至右反复移位点亮，并依此循环下去。

4.2 C51 存储结构

51 单片机属于 8 位机，程序中操作的对象都是以字节为单位进行存储的。由于单片机存储器容量有限，因此在单片机的程序设计过程中，要十分珍惜存储空间，在保证需要的

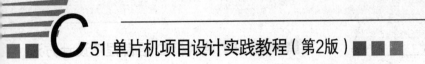

情况下，尽量缩小对存储器，特别是数据存储器的需求，防止出现错误，也利于日后的升级和改进。

在 C51 中，定义变量或常量时一般要指明其存储类型，便于编译器进行地址分配。存储器类型及命名如图 1.4.2 所示。

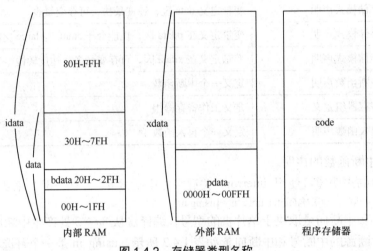

图 1.4.2　存储器类型名称

其中，定义成 idata 类型的数据将被分配在 00H～FFH 的存储位置，在访问时，将使用间接寻址（@Ri）的方式，具体分配在高 128B 还是低 128B 将由编译器自动分配；定义成 data 类型的数据将被分配在 00H～7FH 的低 128B 的存储位置，变量在定义时如果省略存储类型，将默认为 data 型；定义成 bdata 类型的数据将被分配在 20H～2FH 的 16B 的存储位置，可以位寻址；pdata 型的数据将被分配在片外数据存储器低 256B 中，编译成 MOVX A,@R0 和 MOVX @R0,A 这种方式进行访问；xdata 型的数据表示存储于整个 64KB 片外数据存储器中，将使用 MOVX A,@DPTR 和 MOVX @DPTR, A 访问；code 型数据表示存储于程序存储器中的常数，可以是数据表格、字库等掉电后还需要保存的数据，通常用数组的形式来定义。如：

　　　　unsigned char code TAB[] ={0xc0,0xf9,0xa4,0xb0,0x99,0x92,0x82,0xf8,0x80,0x90};

表示存储在程序存储器中的数码管共阴显示码。

4.3　C51 数据类型

C51 的数据类型可分为基本数据类型和复杂数据类型。表 1.4.3 中列出了 C51 编译器所支持的基本数据类型。复杂数据类型由基本数据类型构造而成，有数组、结构、联合、枚举等，与 ANSI C 相同。

C51 基本数据类型中的 char、short、int、long、float 等与 ANSI C 相同。当占据的字节数大于 1B 时，数据的高位占据低地址，低位占据高地址，即从高到低依次存放，这里就不列出说明。而 bit、sbit、sfr 和 sfr16 是 C51 扩展的数据类型，说明如下。

表 1.4.3	Keil C51 编译器所支持的数据类型	
数据类型	长度	值域
unsigned cliar	单字节	0~255
cliar	单字节	−128~+127
unsigned int	双字节	0~65 535
int	双字节	−32 768~+32 767
unsigned long	四字节	0~4 294 967 295
long	四字节	−2 147 483 648~+2 147 483 647
float	四字节	±1.175494E−38~±3.402823E+38
一般指针	三字节	对象的地址为 0~65 535
bit	1 位	0 或 1
sfr	单字节	1~255
sfr16	双字节	0~65 535
sbit	1 位	0 或 1

1. bit 型

bit 用于定义位标量，只有 1 位长度，不是 0 就是 1，不能定义位指针，也不能定义位数组。bit 型对象始终位于单片机内部可位寻址的存储空间（20H~2FH）。例如：

        static bit dir_bit;   //定义一个静态位变量 dir_bit

        extern   bit lock_bit; //定义一个外部位变量 lock_bit

        bit bfunc(bit b0,bit b1); //声明一个具有两个位型参数，返回值为位型的函数

如果在函数中禁止使用中断（#pragma disable）或者函数中包含有明确的寄存器组切换（using n），则该函数不能返回位型值，否则在编译时会产生编译错误。

2. sfr 和 sfr16 特殊功能寄存器型

sfr、sfr16 分别用于定义单片机内部 8 位、16 位的特殊功能寄存器。定义方法如下。

        sfr   特殊功能寄存器名＝特殊功能寄存器地址常数;

        sfr16   特殊功能寄存器名＝特殊功能寄存器地址常数;

例如：

        sfr   P1 = 0x90;   //定义 P1 口，其地址 90H

        sfr16   T2 = 0xCC; //定义定时器 T2，T2L 的地址为 CCH，T2H 的地址为 CDH

sfr 关键字后面通常为特殊功能寄存器名，等号后面是该特殊功能寄存器所对应的地址，必须是位于 80H~FFH 的常数，不允许有带运算符的表达式，具体可查看表 1.2.2。sfr16 等号后面是 16 位特殊功能寄存器的低位地址，高位地址一定要位于物理低位地址之上。注意，sfr16 只能用于定义 51 系列中新增加的 16 位特殊功能寄存器，不能用于定时/计数器 T0 的 TH0、TL0，定时/计数器 1 的 TH1、TL1 和数据指针 DPTR 的定义。

3. sbit 可位寻址型

sbit 用于定义字节中的位变量，利用它可以访问片内 RAM 或特殊功能寄存器中可位寻

址的位。访问特殊功能寄存器时，可以用以下的 3 种方法定义。

① 把位的绝对地址赋给位变量。同 sfr 一样，sbit 的位地址必须位于 80H～FFH。
格式：

sbit 位变量名 = 位地址

如：　　　　　　　sbit P1_1 = 0x91;

② 先定义一个特殊功能寄存器名，再定义位变量名的位置：

sbit 位变量名 = 特殊功能寄存器名^位位置

如：

sfr P1 = 0x90;

sbit P1_1 = P1^1;

③ 直接使用特殊功能寄存器字节地址，再定义位变量名的位置：

sbit 位变量名 = 字节地址^位的位置

如：

sbit P1_1 = 0x90^1;

位定义的后面两种方法类似，只是用地址来代替特殊功能寄存器名，这样在以后的程序语句中就可以用 P1_1 来对 P1.1 引脚进行读/写操作了。通常，特殊功能寄存器及其中的可寻址位命名已包含在 C51 系统提供的库文件"reg51.h"中，用"#include <reg51.h>"加载该库文件，就可直接引用；但是 P0、P1、P2、P3 口的可寻址位未定义，必须由用户用 sbit 来定义。此外，在直接引用时，特殊功能寄存器的名称或其中可寻址的位名称必须大写。

4. 数组类型

数组是一组同类型的有序数据的集合，数组中的各个元素可以用数组名和下标来唯一确定。一维数组只有一个下标，多维数组有一个以上的下标。在 C51 中，数组必须先定义，然后才能使用。一维数组的定义形式为：

数据类型 [存储器类型]　数组名[常量表达式]

其中，"数据类型"说明数组中各元素的类型，"数组名"整个数组的标识符，"常量表达式"说明了该数组所含元素的个数，必须用"[ ]"括起来，不能为变量。例如：

unsigned　int　data　xx[15];

unsigned　int　idata　yy[20];

定义多维数组时，只要在数组名后面增加相应维数的常量表达式即可。二维数组的定义形式有：

数据类型 [存储器类型]　数组名[常量表达式 1] [常量表达式 2]

需要指出的是，因 C 语言中数组的下标是从 0 开始的，在引用数值数组时，只能逐个引用数组中的各个元素，而不能一次引用整个数组，但如果是字符数组则可以一次引用整个数组。

5. 结构体

结构体是一种构造类型的数据，它将不同类型的数据变量有序地组合在一起，形成一种数据的集合体，整个集合体使用一个单独的结构变量名。使用结构在程序中有利于对一些复杂而又具有内在联系的数据进行有效的管理。集合体内的各个数据变量称为结构成员。

由于结构可由不同类型的数据成员组成，故定义时需对各个成员进行类型说明，形成"结构元素表"。

（1）结构变量的定义

结构变量的定义有 3 种方法，如下所示。

① 先定义结构类型，再定义结构变量名，格式为

    struct　结构名

    {结构元素表};

    struct 结构名 结构变量名 1,结构变量名 2,……,结构变量名 n;

② 定义结构类型的同时定义结构变量名，格式为

    struct　结构名

    {结构元素表}结构变量名 1,结构变量名 2,……,结构变量名 n;

③ 直接定义结构变量，格式为

    struct {结构元素表}结构变量名 1,结构变量名 2,……,结构变量名 n;

（2）结构变量的引用

结构变量的引用是通过对结构成员的赋值、存取、运算来实现的。结构成员引用的一般格式为：

    结构变量名.结构成员

在 C51 中，结构被提供了连续的存储空间，成员名用来对结构内部进行寻址，因此结构 time_str 占据了连续 5 字节的空间，如表 1.4.4 所示，空间内变量的顺序和定义时一样。

如有结构体定义为

```
struct{
        unsigned char hour;
        unsigned char min;
        unsigned char sec;
        unsigned int days;
    } time_of_day,oldtime, time_str;
```

结构成员的引用为

    time_of_day.hour = 11;

    time_of_day.days = 299;

结构变量可以很容易地复制：

    oldtime = time_of_day;

表 1.4.4　　　　　　　　　　　　　time_str 结构类型的存储

偏移量	成员名	字节数
0	hour	1
1	min	1
2	sec	1
3	days	2

6. 联合体

联合体和结构体很相似，也是由一组相关的变量构成的构造类型的数据。但联合的成员只能有一个起作用，它们分时地使用同一个内存空间，大大地提高了内存的利用率。联合体的成员可以是任何有效类型，包括 C 语言本身拥有的类型和用户定义的类型，如结构体和联合体。联合体类型变量的定义格式为

       union 联合类型名

     {成员表列}变量表列；

联合体的成员具有相同的首地址，因此，联合体空间大小等于联合体中最大的成员所需的空间，有 time_type 联合体的结构如表 1.4.5 所示，占据的空间为 5 字节。当联合的成员为 secs_in_year 时，第 5 字节没有使用。联合体经常被用来提供同一个数据的不同的表达方式。

表 1.4.5   time_type 联合体类型的存储

偏移量	成员名	字节数
0	secs_in_year	4
0	time	5

7. 枚举类型

（1）枚举定义

枚举数据类型是变量可取的所有整型常量的集合。枚举定义时列出这些常量值，枚举类型的定义、变量说明语句的一般格式为

enum   枚举名{枚举值列表} 变量列表；

也可以分成两句完成：

enum   枚举名{枚举值列表}；

enum 枚举名 变量列表；

（2）枚举取值

枚举列表中，每一个符号项代表一个整数值。在默认情况下，第一个符号项取值为 0，第二个符号项取值为 1，2，……依次类推。此外，也可以通过初始化指定某项的符号值。某项符号初始化后，该项后续各项符号值随之依次递增。例如：

enum   direction{up, down, left = 5, right}i;

i = down;

该枚举类型可取的数据为 up、down、left、right，C 编译器将符号 up 赋值为 0，down 赋值为 1，left 赋值为 5，right 赋值为 6，i 赋值为 1。

4.4　C51 常量、变量、指针

1. 变量的定义

变量是一种在程序执行过程中不断变化的量，C51 定义变量的格式为

[存储种类] 数据类型 [存储器类型] 变量名表 [_at_ 常量表达式]

54

在定义格式中除了数据类型和变量名表是必要的，其他都是可选项。存储种类有 4 种——自动（auto）、外部（extern）、静态（static）和寄存器（register），默认类型为自动（auto）。

使用关键字"_at_ 常量表达式"，C51 可以为变量指定存储地址，否则按所选的存储器类型或编译的模式来分配地址。需要注意的是，关键字"_at_"只能修饰全局变量。

（1）存储器类型

C51 扩展的存储器类型可分为 data、bdata、idata、pdata、xdata、code 6 个区域，见 4.2 节相关内容。

【例】采样 P1、P2 口的值存放在变量 inp_reg1 和 inp_reg2。

```
#include  <reg51.h>
unsigned  char  pdata  inp_reg1;
unsigned  char  xdata  inp_reg2;
void main(void)
{
        P1 = 0xff; P2 = 0xff;        //定义 P1、P2 为输入口
        inp_reg1 = P1;
        inp_reg2 = P2;
}
```

在上例中，假如存放 P1 口的采样值速度较快，应尽量把外部数据存储在 pdata 段中。

（2）编译模式

定义变量时，如果省略存储器类型，则系统按 C51 编译器的编译模式 Small、Compact 或 Large 来决定变量、函数参数等的存储区域。

2. 常量的定义

常量是在程序运行过程中不能改变值的量，如固定的数据表、字库等。C51 有以下几种定义方法。

① 用宏定义语句定义常量，如：

```
#define  False  0;  //定义 False 为 0，True 为 1
#define  True   1;
```

在程序中用到 False，编译时自动用 0 替换，同理 True 替换为 1。

② 用 const 和 code 来定义常量。

```
unsigned  int  code  a = 100;//用存储类型 code 把 a 定义在程序存储器中并赋值
const  unsigned  int  c = 100;//用 const 定义 c 为无符号 int 常量并赋值
unsigned  char  code  x[] = {0x00,0x01,0x02,0x03,0x04,0x05,0x06};
```

a、c、数组 x 的值都保存在程序存储器中，在运行中是不允许被修改的，如果对常量 a、c 赋值之后，再次应用类似"a = 110;c + +"这样的赋值语句，编译时将会出错。

3. 指针

指针是一个包含地址的变量，可对它所指向的变量进行寻址，就像在汇编中用@R0 和 @DPTR 进行寻址一样。使用指针可以很容易地从一个变量移到下一个变量，故特别适合

对大量变量进行操作的场合。C51 指针变量的定义形式为：

数据类型　[存储器类型]　*标识符;

其中，"标识符"是所定义的指针变量名。"数据类型"说明指向何种类型的变量。"存储器类型"是 C51 编译器扩展的可选项。带有此项，指针被定义为基于存储器的具体指针，反之则被定义为通用指针。

4.5　C51 运算符与表达式

C51 的运算符和表达式与 ANSI C 相同。

1. 赋值运算符和赋值表达式

用赋值运算符"="将一个变量与一个表达式连接起来的式子为赋值表达式。在表达式后面加";"便构成了赋值语句，如下所示。

```
a = 0xFF;           //将常数十六进制数 FF 赋予变量 a
b = c=33;           //赋值表达式的值为 33，变量 b、c 的值均为 33
d = (e = 4) + (c = 6);   //表达式的值为 10，e 为 4，c 为 6，d 为 10
f = a + b;          //将变量 a + b 的值赋予变量 f
```

由上面的例子可以知道：赋值运算符按照"从右到左"的结合原则，先计算出"="右边的表达式的值，然后将得到的值赋给左边的变量，同时该值也是此赋值表达式的值，而且右边的表达式中还可以包含赋值表达式。

2. 算术运算符和算术表达式

C51 中的算术运算符有+（加或取正值）、−（减或取负值）、*（乘）、/（除）、%（取余），其中只有取正值和取负值运算符是单目运算符，其他都是双目运算符。用算术运算符和括号将运算对象连接起来、符合 C 语法规则的式子称为算术表达式。

C 语言规定了运算符的优先级（即先乘除后加减）和结合性（在优先级相同时，结合方向为"自左至右"），同样可用括号"()"来改变优先级。当两侧数据类型不一致时，由 C 编译程序自动转化或由强制类型运算符强制转化为同一类型，然后再进行运算。自动转换按从低到高的规则进行，如图 1.4.3 所示。

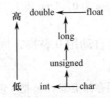

图 1.4.3　自动类型转换规则

char 可向 int 或 unsigned int 转化，强制类型转化的格式为

(类型名)(表达式)

例如：

```
(double)a;          //将 a 强制转换成 double 型
(int)(x + y);       //将 x + y 强制转换成 int
```

除法运算符和一般的算术运算规则有所不同：两浮点数相除，其结果为浮点数；而两

个整数相除时，所得值是整数。

另外，C 语言中还有以下自增、自减运算符：

++i;

--i; //在使用 i 之前，先使 i 的值加(减)1

i++;

i--; //在使用 i 之后，使 i 的值加(减)1

3. 关系运算符和关系表达式

在 C 语言中有 6 种关系运算符：>（大于）、<（小于）、>=（大于等于）、<=（小于等于）、==（等于）、!=（不等于）。前四个具有相同的优先级，后两个也具有相同的优先级，但是前 4 个的优先级比后 2 个高。关系运算符的优先级低于算术运算符，但高于赋值运算符。

用关系运算符将两个表达式连接起来的式子就是关系表达式。关系表达式通常是用来判别某个条件是否满足。关系运算的结果只有 0 和 1 两种，也就是逻辑的真与假。当指定的条件满足时结果为 1，不满足时结果为 0。如：

$$i<j, i==j, j+i>j, (a=3)>(b=5)$$

4. 逻辑运算符和逻辑表达式

关系运算符所能反映的是两个表达式之间的大小、等于关系，其结果只有 0 和 1 两种，也就是逻辑量。逻辑运算符则用于对逻辑量进行运算，用逻辑运算符将关系表达式或逻辑量连接起来就是逻辑表达式。

逻辑表达式的一般形式如下。

① 逻辑与：条件式 1&&条件式 2。

② 逻辑或：条件式 1 ‖ 条件式 2。

③ 逻辑非：!条件式。

逻辑与，就是当条件式 1 "与" 条件式 2 都为真时，结果为真（非 0 值），否则为假（0 值）。逻辑或，当两个条件式中只要有一个为真时，结果就为真，只有当两个条件式都为假时，结果才为假。逻辑非则是把条件式取反，也就是说当条件式为真时，结果为假；条件式为假时，结果为真。

同样逻辑运算符也有优先级别，!（逻辑非）→&&（逻辑与）→‖（逻辑或），逻辑非的优先级最高。

5. 位运算符

C 语言中共有 6 种位运算符：～（按位取反）、<<（左移）、>>（右移）、&（按位与）、^（按位异或）、|（按位或）。

位运算符也有优先级，从高到低依次是～（按位取反）→<<（左移）→>>（右移）→&（按位与）→（按位异或）→|（按位或）。表 1.4.6 指出了位运算的规则。

表 1.4.6　　　　　　　　　　　位运算真值表

X	Y	~X	~Y	X&Y（与）	X|Y（或）	X^Y（异或）
0	0	1	1	0	0	0
0	1	1	0	0	1	1

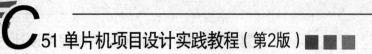

续表

X	Y	~X	~Y	X&Y（与）	X|Y（或）	X^Y（异或）
1	0	0	1	0	1	1
1	1	0	0	1	1	0

&：只有两个二进制位都为 1 时，结果才为 1，否则为 0。

|：两个二进制位中只要有一个为 1 时，结果就为 1；都为 0 时，结果才为 0。

^：两个二进制位相同时，结果为 0，相异时，结果为 1。

~：用来对一个二进制位取反，即将 0 变为 1，1 变为 0。

<<：用来将一个数的各二进制位全部左移若干位，右面补 0，高位左移后溢出舍弃不起作用。如 a = a<<2，若 a = 15（a 为 8 位，char 型），即 a = 00001111B，左移 2 位后，a = 00111100。左移 1 位相当于该数乘以 2（不包括溢出），左移 n 位相当于该数乘以 2^n。

>>：用来将一个数的各二进制位全部右移若干位，无符号数高位补 0，低位右移后溢出舍弃不起作用。

6．复合赋值运算符

复合赋值运算符就是在赋值运算符"="的前面加上其他运算符。以下是 C 语言中的复合赋值运算符。

+ =（加法赋值）、>> =（右移位赋值）、− =（减法赋值）、& =（逻辑与赋值）、* =（乘法赋值）、| =（逻辑或赋值）、/ =（除法赋值）、^ =（逻辑异或赋值）、% =（取模赋值）、− =（逻辑非赋值）、<< =（左移位赋值）。

其含义就是变量与表达式先进行运算符所要求的运算，再把运算结果赋值给参与运算的变量。其实这是 C 语言中一种简化程序的一种方法，凡是双目运算都可以用复合赋值运算符去简化表达。例如：

a+= 56；等价于 a = a + 56；

y/ = x + 9；等价于 y = y/(x + 9)；

显然，采用复合赋值运算符会降低程序的可读性，但这样却可以使程序代码简单化，并能提高编译的效率。

7．逗号运算符

在 C 语言中逗号可以将两个或多个表达式连接起来，形成逗号表达式，如下所示。

表达式 1,表达式 2,表达式 3,……,表达式 n

在程序运行时，按从左到右的顺序计算出各个表达式的值，而整个逗号表达式的值等于最右边表达式的值，就是"表达式 n"的值。在实际的应用中，使用逗号表达式的目的只是为了分别得到各个表达式的值，而并不一定要得到和使用整个逗号表达式的值。另外，并不是在程序中出现的逗号，都是逗号运算符。例如，函数中的参数、同类型变量的定义中的逗号只是用做间隔符，而不是逗号运算符。

8．条件运算符

"?"条件运算符是一个三目运算符，把 3 个表达式连接构成 1 个条件表达式。条件表达式的一般形式为：

　　　　　　逻辑表达式? 表达式 1:表达式 2

条件运算符就是根据逻辑表达式的值选择条件表达式的值。当逻辑表达式的值为真（非 0 值）时，条件表达式的值为表达式 1 的值；当逻辑表达式的值为假（0）时，条件表达式的值为表达式 2 的值。要注意的是，在条件表达式中，逻辑表达式的类型可以与表达式 1 和表达式 2 的类型不一样，如：

　　　　　　min =(a<b)?a:b　　//当 a<b 时，min = a，否则 min = b。

9. 指针和地址运算符

在 C 语言中提供了两个专门用于指针和地址的运算符：*（取内容）、&（取地址）。取内容和地址的一般形式分别为：

$$变量 = *指针变量$$

$$指针变量 = \&目标变量$$

*运算是将指针变量所指向的目标变量的值赋给左边的变量，&运算是将目标变量的地址赋给左边的指针变量。要注意的是，指针变量中只能存放地址（也就是指针型数据），一般情况下不要将非指针类型的数据赋值给一个指针变量。

4.6　C51 结构化程序设计

本节通过基于 LCD12864 液晶显示平台完成"百钱百鸡问题"来深入了解 C51 程序结构和算法，掌握 C 语言结构化程序设计方法。

【任务四】百钱百鸡问题

任务目的

通过设计解决百钱百鸡问题，初步了解液晶显示器工作原理，学会使用库函数，深入理解结构化设计思想，认识算法的重要性，掌握循环结构、分支结构程序设计方法。

任务要求

根据图 1.4.3 使用 PROTEUS ISIS7 软件建立硬件环境，使用 KEIL 平台进行程序设计，在液晶显示屏上显示以下问题的答案：

假设公鸡 5 元钱一只，母鸡 3 元钱一只，小鸡 1 元 3 只，问 100 元钱正好买 100 只鸡的买法有几种?

任务完成时间

4 学时。

任务情景描述

1. 硬件环境

图 1.4.4 中硬件是根据 DP-51PROC 实验箱电路具体连接而来的，以便在不修改程序和硬件连接的情况下保证仿真结果和实验箱结果一致，读者在进行硬件设计时可简化电路，将图中的与非门省掉，而使用单片机的一个普通 I/O 口直接控制液晶屏上的时钟信号 E。要说明的是，接下来的许多任务或项目中，大多数显示任务都将使用该平台完成，以达到

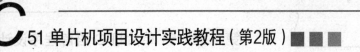

直观、动态的效果，便于观察程序调试结果。

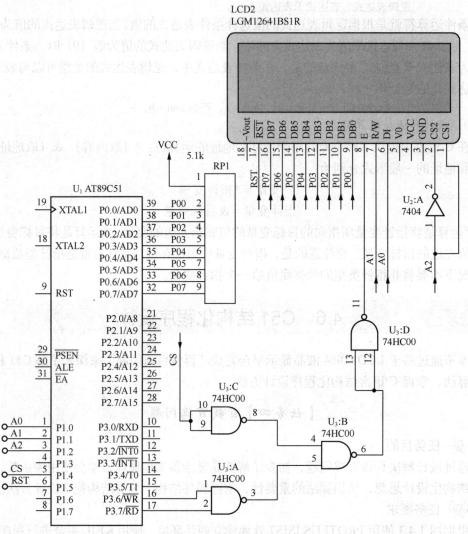

图 1.4.4　液晶显示平台

2. 软件设计

　　鉴于读者还没有学习显示技术相关的接口技术，因此，这里将为读者提供一个 LCD12864.c 的液晶显示驱动程序模块文件（见附录）。读者有两种方法可以引用包中的函数：一是将 LCD12864.c 与主程序文件放在同一个项目（project）下进行编译，当主程序需要调用驱动包中的函数时将自动在 LCD12864.c 中寻找；二是读者可参考 4.7 节建立头文件的方法，将 LCD12864.c 改成 LCD12864.h，并将修改后的 LCD12864.h 文件放在主程序同一目录下，而不需要将其加入主程序的同一项目（project）中，这样，只需要在程序开头使用#include "LCD12864.h"，就可调用其中的显示函数快速在屏上指定位置显示相关内容。液晶显示器的原理将在第 2 篇项目五详细介绍，本节只介绍液晶显示器的顶层函数应用方法,旨在帮助读者快速掌握 C 语言的结构和程序文件间的关系。

　　12864 点阵型液晶显示模块是一个具有 128 列、8 页，共 128×64 点的显示器，在显示数据写入时，要先指定显示位置，数据是按照字节写入的，即每次写入的是某一页与某一列交叉指定的位置，其原理如图 1.4.5 所示。

当我们要在指定的位置显示某个字符时，必须先指定坐标，然后将显示数据写入坐标所在的寄存器，从而在屏上对应显示出来。在 LCD12864.c 中，我们根据写入显示规则，封装好了许多显示函数，要在指定位置显示字符或汉字时，只需将位置信息（页、列值）、显示信息（ASCII 码或汉字在字库中的序号）传入显示函数即可。图 1.4.6 示出了几个显示函数的应用例子，读者可根据接下来的介绍自行分析函数参数与显示位置的关系。

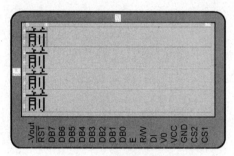

图 1.4.5　点阵型液晶显示原理

图 1.4.6　显示位置与参数设置

其中，封装好的几个重要函数说明如下。

void lcd_init(void); //液晶初始化函数

void lcd_clr(void); //液晶清屏函数

void lw(uchar x,uchar y,uchar dd); //写入字节函数。x：液晶屏原始列坐标(0～127)。y：液晶屏原始页坐标(0～7)。dd:写入的字节数据

void dh(uchar xx,uchar yy,uchar n,uchar fb); //汉字显示函数。xx：液晶屏汉字列坐标(0～7);yy：液晶屏汉字页坐标(0～7)。n:字库中汉字的序号。fb:'1′ 反白显示

void ds(uchar xx,uchar yy,uchar q,uchar fb); //ASCII 字符显示函数。xx：液晶屏字符列坐标(0～15)。yy：液晶屏字符页坐标(0～7)。q：字符的 ASCII 码。fb：'1'反白显示

void printchars(uchar xx,uchar yy,uchar *q,uchar fb); //字符串显示函数。xx：液晶屏字符列坐标(0～15)。yy：液晶屏字符页坐标(0～7)。*q：字符串指针。fb：'1'反白显示

要说明的是，LCD12864.H 中已经定义好了 ASCII 码的字型库，在使用取模软件自行修改汉字库后（取模方式为纵向、倒序、列行式），读者可根据图 1.4.6 中所示函数参数的设置方法，在任意指定位置显示需要显示的内容。

3. 程序示例

图 1.4.6 显示内容参考源代码如下。

```
#include<AT89X51.h>
#include<lcd12864.h>
#define uchar unsigned char
#define uint    unsigned int
void main()
{
```

```
uchar i;
lcd_init();                              //液晶初始化
lcd_clr();                               //清屏
for(i = 0;i<5;i + +)                     //显示 5 个汉字
    dh(i,0,i,0);
printchars(0,2,"0123456789ABCDEF",0);
printchars(0,4," + -*/&$!~%()@?",0);
ds(0,6,' G ',0);ds(15,6,'H',0);
while(1);
}
```

4. 百钱百鸡问题参考程序

```c
#include<AT89X51.h>
#include<lcd12864.h>
#define uchar unsigned char
#define uint   unsigned int
uchar disp_buff[] = "g:00 m:00 x:000";
void main()
{
    uchar gj, mj;       //公鸡，母鸡
    uint   xj;          //小鸡
    uchar page = 0;
    lcd_init();
    lcd_clr();
    for(gj = 0; gj <= 20; gj + +)//公鸡 5 块钱一只，100 块钱最多买 20 只
        for(mj = 0; mj <= 33; mj + +)//同理
            for(xj = 0; xj <= 300; xj += 3)//小鸡一块钱 3 只，每次增量为 3
                if((gj + mj + xj == 100)&&(gj * 5 + mj * 3 + xj/3 == 100))
                {
                    disp_buff[2] = gj/10 + 0x30; disp_buff[3] = gj%10 + 0x30;
                    disp_buff[7] = mj/10 + 0x30; disp_buff[8] = mj%10 + 0x30;
                    disp_buff[12] = xj/100 + 0x30;
                    disp_buff[13] = xj%100/10 + 0x30;
                    disp_buff[14] = xj%10 + 0x30;
                    printchars(0,page, disp_buff,0); page + +;page + +;
                }
    while(1);
}
```

为了减少循环次数，提高程序效率，读者可以修改程序最内层循环测试条件为"for（xj =

0; xj <= 100-gj-mj; xj += 3)"。

任务总结

通过本次任务的实践，可以看到，使用 C 语言进行模块化程序设计的方法，能有效利用库文件或他人设计的优秀成果，快速建立较为复杂、功能较为强大的单片机应用系统，再结合合适的算法，即可解决现实中的实际问题。对于程序的结构、功能和算法有了进一步的认识。

拓展理论学习

C51 程序流控制语句包括 if 选择语句、switch-case 多分支选择语句及 while 循环语句等。

(1) if 选择语句

if 选择语句有以下 4 种应用形式。

  •if(条件表达式) {语句行;}

如果条件表达式的值为真，则执行{}中的语句行，否则跳过{}而执行下面的其他语句。

  •if(条件表达式) {程序体 1;}

  else   {程序体 2;}

如果条件表达式的值为真，则执行程序体 1 中的语句行，跳过 else 后面的程序体 2，否则跳过程序体 1 执行程序体 2 中的语句行。

  •if(表达式 1){语句 1}

  else if(表达式 2){语句 2}

  else if(表达式 3){语句 3}

        …

  else if(表达式 n){语句 n}

  else 语句 m

如果表达式 1 成立，则执行语句 1；表达式 1 不成立，但表达式 2 成立，则执行语句 2；表达式 1、2 不成立，但表达式 3 成立，则执行语句 3；……表达式 1~n 都不成立，则执行语句 m。

if 语句的嵌套。在 if 语句中又包含一个或多个 if 语句，称为 if 语句的嵌套，如下所示。

  •if(表达式 1)

  if(表达式 2) {语句 1;}

    else   {语句 2;}

  else

  if(表达式 3) {语句 1;}

    else   {语句 2;}

此时应注意 if 与 else 的配对关系，从最内层开始，else 总是与它上面最近的（未曾配对的）if 配对。如果 if 与 else 的数目不一致，也可加花括号来确定配对关系。

(2) switch-case 选择语句

switch-case 选择语句的一般形式为

    switch(表达式)

    {

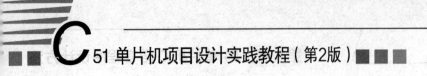
```
case    常量表达式 1:语句 1;[break;]
case    常量表达式 2:语句 2;[break;]
        …
case    常量表达式 n:语句 n;[break;]
default:语句 n + 1; [break;]
}
```

当 switch 表达式中的值与某一个 case 后面的常量表达式的值相等时，就执行此 case 后面的语句；若与所有的 case 后面的常量表达式都不匹配时，就执行 default 后面的语句。执行完一个 case 后面的语句后，控制流程转移到下一个 case 后面的语句继续执行，不再判断。因此，若希望在执行完一个 case 分支后，使流程跳出 switch 结构，即终止 switch 语句的执行，可以在 case 分支的语句后加 break 语句来达到此目的。

（3）while 循环语句

在 C 语言中用来实现循环的语句有以下 3 种。

- **while**(条件表达式) {循环体}

当条件表达式为真时，执行循环体内的动作，结束再返回到条件表达式重新测试，直到条件表达式为假，跳出循环，执行下一句语句。

- **do** {循环体}
  while(条件表达式);

先执行循环体，再测试条件表达式，若为真，则继续执行循环体，直到条件表达式为假，跳出循环，执行下一句语句。

- **for**(表达式 **1**;表达式 **2**;表达式 **3**){循环体}

先求解表达式 1，再判断表达式 2 的真假；若为真，则执行循环体内的动作，然后求解表达式 3，再返回重新判断表达式 2；若为假，则跳出循环，执行 for 语句后面的下一句语句。

任务拓展训练

使用 LCD12864 显示平台，打印显示汉诺塔中圆盘移动步骤的答案。

图 1.4.7 所示有 3 根柱子，在一根柱子上从下往上按大小顺序摆着 3 片（或 5 片）圆盘。要求把圆盘按第一根柱子一样的大小顺序重新摆放在另一根柱子上。并且规定，每次在借用另外的柱子进行移动时，在小圆盘上不能放大圆盘，在 3 根柱子之间一次只能移动一个圆盘。

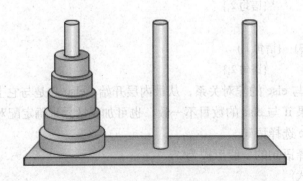

图 1.4.7   汉诺塔问题示意图

4.7　C51 预处理命令

【任务五】头文件设计

任务目的

通过自己建立"*.h"包含文件任务训练，掌握预处理命令的用法，认识预处理命令的地位，体会预处理命令的便利。

任务要求

根据附录中 LCD12864.c，编写头文件 LCD12864.h，并编写主程序对其进行调用。在指定位置显示自己的姓名和学号。

任务完成时间

4 学时。

任务情景描述

1. 硬件环境

同图 1.4.4。

2. 参考代码

建立 LCD12864.h 时，一种方法是只需要打开 LCD12864.c 文件，在开始处加上：

```
#ifndef _12864_
#define _12864_
```

在结尾处加上：

```
#endif；
```

再将文件另存为 LCD12864.h 即可。

另一种方法是，在 LCD12864.c 基础上单独建立一个 LCD12864.h 文件，即将 LCD12864.c 中定义的数据类型和函数名提取出来，按照方法一，加上上述代码即可。要说明的是，采用第二种方法生成的包含文件中，只有函数声明，没有函数体，因此，应将原 LCD12864.c 和主程序一起加入项目文件夹，进行联合编译。

主程序：

```
#include<AT89X51.h>
#include<lcd12864.h>
#define uchar unsigned char
#define uint    unsigned int
void main()
{
    uchar i;
    lcd_init();
    lcd_clr();
        ;your code
    while(1);
}
```

任务总结

通过读者自行建立包含文件，大的程序项目能轻易分解成小的模块，以便于分工合作，亦便于程序的移植和查错，提高了效率。

拓展理论学习

1. 宏定义

宏定义的一般格式为

> #define 宏名 字符串

以一个宏名来代表一个字符串，这个字符串可以是常数、表达式或含有参数的表达式或空串。当在程序中任何地方使用宏名时，编译器都将以所代表的字符串来替换。当需要改变宏时，只要修改宏定义处。在程序中如果多次使用宏，会占用较多的内存，但执行速度较快。用宏来替代程序中经常使用的复杂语句，可缩短程序，且有更好的可读性和可维护性。例如：

> #define led_on() {led_state = LED_ON;XBYTE[LED_CNTRL] = 0x01;}
>
> #define led_off() {led_state = LED_OFF;XBYTE[LED_CNTRL] = 0x00;}
>
> #define checkvalue(val) ((val < MINVAL || val > MAXVAL)? 0:1)

2. 条件编译

一般情况下对 C 语言程序进行编译时，所有的程序行都参加编译，但是有时希望对其中的一部分内容只在满足一定条件时才进行编译，这就是条件编译。条件编译可以根据实际情况，选择不同的编译范围，从而产生不同的代码。条件编译的格式有如下几种。

> 格式一
>
> #if 表达式   语句行;//如果表达式成立，则编译#if 后的语句行
>
> #else   语句行;   //否则编译#else 后的语句行，至#endif
>
> #endif   //结束条件编译
>
> 格式二
>
> #ifdef 宏名   //如果宏名已被定义过，则编译下面的语句行
>
> 语句行;
>
> #endif
>
> 格式三
>
> #ifndef 宏名   //如果宏名未被定义过，则编译下面的语句行
>
> 语句行;
>
> #endif

3. 文件包含

文件包含命令的功能是用指定文件的全部内容替换该预处理行。其格式如下。

> #include <文件名>
>
> 或
>
> #include"文件名"

格式中使用引号与尖括号的意思是不一样的。使用"文件名"时，首先搜索工程文件所

在目录，然后再搜索编译器头文件所在目录。而使用<文件名>时，搜索顺序刚好相反。假设有两个文件名一样的头文件 hardware.h，但内容却是不一样的。文件Ⅰ保存在编译器指定的头文件目录下，文件Ⅱ保存在当前工程的目录下，如果使用"#include <hardware.h>"，则引用到的是文件Ⅰ。如果使用"#include "hardware.h""，则引用的是文件Ⅱ。

在进行较大规模程序设计时，可以将组成系统的各个功能函数分散到多个.c 的程序文件中，分别编写和调试，再建立公共引用头文件，将需要引用的库头文件、标准寄存器定义头文件、自定义的头文件、全局变量等均包含在内，供每个文件引用。同时每个.c 文件又对应一个.h 头文件，包含了函数声明、宏定义、结构体类型定义和全局变量定义；然后通过"#include"命令，将它们的头文件嵌入到一个需调用的程序文件中去。为了避免重复引用而导致的编译错误，编写 hardware.c 文件的头文件 hardware.h 如下所示。

```
#ifndef  _HARDWARE_H__

#define  _HARDWARE_H__

代码部分; //hardware.c 文件中的函数声明、变量声明、常数定义、宏定义等

#endif;
```

这样写的意思就是，如果没有定义__HARDWARE_H__，则定义__HARDWARE_H__，并编译下面的代码部分，直到遇到#endif。这样，当重复引用时，由于__HARDWARE_H__已经被定义，则下面的代码部分就不会被编译了，这样就避免了重复定义。

在其他文件需调用 hardware.c 中的功能函数时，只需用#include "hardware.h"加载函数的头文件，就可避免先调用、后定义的错误。

4. 数据类型重新定义

在 C 语言中可以用类型定义来重新命名一个给定的数据类型。格式如下。

```
        typedef  已有的数据类型名    新的数据类型名;
```

例如：

```
 typedef   struct   time_str
 {
        unsigned char hour,min,sec;
        unsigned int days;
 }time_type;    // 给结构 time_str 一个新的名字 time_type
 time_type   time,*time_ptr,time_array[10]; // time_type 作为变量的数据类型
 typedef   unsigned char   ubyte;   //用 ubyte 代替 unsigned   char 数据类型
```

使用类型定义可使代码的可读性加强，并缩短 C 程序变量定义中的类型说明。

🐞 **任务拓展训练**

根据项目八中提供的矩阵键盘驱动文件，编写包含文件 matrix_key.h。

参考代码：

```
#ifndef _MATRIX_KEY_INCLUDED_

#define _MATRIX_KEY_INCLUDED_

unsigned char get_key(void);//获取键号

#endif
```

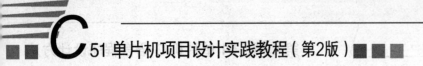

4.8　C51 编程注意事项和技巧

通常，在 C51 编程中，应注意使用下述技巧。

① 采用短变量。

② 使用无符号类型 unsigned。

③ 使用位变量。

④ 为变量分配内部存储区。

⑤ 使用基于存储器的指针。

⑥ 注意使用 C 语言所提供的 4 种编译预处理命令，可以给编程带来许多方便。

⑦ 多定义和使用标志，可作为程序流向识别。

【思考与练习】

1．对比汇编语言，单片机使用 C 语言进行程序设计的优势体现在哪里？

2．回顾前面章节，试述单片机 C 语言与汇编语言的接口规则。

3．单片机 C 语言中常用的数据类型有哪几种？构造数据类型有哪几种？

4．单片机 C 语言用于循环程序设计的语句有哪些？

5．if 语句有几种形式？

6．编写程序，使用指针和循环语句结合的方法将一个数组 a[10]的内容全部复制给另一个数组 b[10]。

7．单片机 C 语言程序的大致结构形式是什么？为什么要设计一个死循环？

8．如何自定义和使用头文件？

9．包含文件语句#include " "与#include< >的区别在哪里？

10．使用单片机 C 语言的技巧有哪些？

第2篇 项目实训

【项目一】 51 单片机定时/计数器应用
——电子钟设计

定时/计数器是 51 单片机的重要功能硬件之一。定时器独立于 CPU 工作，在信号发生、精确延时、程序监控等方面有着重要的作用，几乎所有的单片机都集成了各具特色的定时器。

一、项目设计目的
通过完成电子钟项目设计，熟练掌握 51 单片机定时/计数器的应用步骤和技巧。

二、项目要求
在第 4 章介绍的液晶显示平台上，显示一个基本的电子钟，初始计时时间是 12:34:56，24 小时计时制。

三、项目完成时间
2 学时。

四、项目描述
1. 硬件环境
同图 1.4.4。
2. 参考代码

```
#define   uchar unsigned char
#define   uint unsigned int
#include <AT89x51.H>
#include "lcd12864.h"
uchar code title[] = {"Current time is:"};
uchar t50ms,ts = 56,tm = 34,th = 12;
uchar DISP_BUFFER[] = "00:00:00";
void main(void)
{
 P0 = 0XFF;
 P1 = 0XFF;
 P2 = 0XFF;
 P3 = 0XFF;
 TMOD = 0x01;//T0 定时方式 1
 TH0 = 0x3c;
 TL0 = 0xb0; //50ms 定时初值
 lcd_init();
 lcd_clr();
 printchars(0,0,title,0);
 TR0 = 1;
```

```
    while(1)
    {
        DISP_BUFFER[0] = th/10 + 0x30;        //显示小时十位
        DISP_BUFFER[1] = th%10 + 0x30;        //显示小时个位
        DISP_BUFFER[3] = tm/10 + 0x30;        //显示分钟十位
        DISP_BUFFER[4] = tm%10 + 0x30;        //显示分钟个位
        DISP_BUFFER[6] = ts/10 + 0x30;        //显示秒钟十位
        DISP_BUFFER[7] = ts%10 + 0x30;        //显示秒钟个位
        printchars(0,2,DISP_BUFFER,0);
        while(!TF0);
        TF0 = 0;
        TH0 = 0x3c;
        TL0 = 0xb0;//10ms 定时初值
        t50ms + +;
        if(t50ms = =20)
        {
            t50ms = 0;
            ts + +;
            if(ts = =60)
            {    ts = 0;
                tm + +;
                if(tm = =60)
                {    tm = 0;
                    th + +;
                    if(th = =24)th = 0;
                }
            }
        }
    }
}
```

3. 运行效果

运行效果如图2.1.1所示。

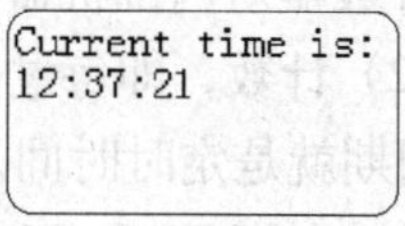

```
┌─────────────────────┐
│ Current time is:    │
│ 12:37:21            │
└─────────────────────┘
```

图2.1.1　电子钟运行效果

五、项目总结

电子钟项目的设计是定时器应用的典型例子。其中涉及了定时器的完整应用：定时器方式选择、定时器初值设定、定时器启动、溢出判断等。在接下来的理论学习中，将深入介绍定时器的方式、模式、初值计算等内容。

六、拓展理论学习

80C51单片机内部设有2个16位的可编程定时/计数器。可编程的意思是指其功能（如工作方式、定时时间、量程、启动方式等）均可由指令来确定和改变。在定时/计数器中除了有 2 个 16 位的计数器之外，还有 2 个特殊功能寄存器（方式寄存器和控制寄存器）。

1. 定时/计数器的结构

从图 2.1.2 所示的定时/计数器结构图中可以看出，16 位的定时/计数器分别由 2 个 8 位专用寄存器组成（T0 由 TH0 和 TL0 构成，T1 由 TH1 和 TL1 构成）。这些寄存器是用于存放定时或计数初值，另外还有 2 个寄存器 TMOD 和 TCON。TMOD 是定时/计数器的工作方式寄存器，由它确定定时/计数器的工作方式和功能；TCON 是定时/计数器的控制寄存器，主要是用于控制定时器的启动停止，此外 TCON 还可以保存 T0、T1 的溢出和中断标志。

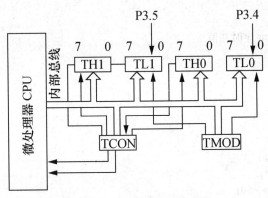

图 2.1.2　定时/计数器结构图

2. 定时/计数器的工作原理

16 位的定时/计数器实质是一个加 1 计数器，其控制电路受软件控制、切换。其输入的脉冲有两个来源，一个是系统的时钟振荡器输出经 12 分频后得来，另一个是 T0 或 T1 引脚输入的外部脉冲源。每来一个脉冲，计数器加 1，当加到计数器全为 1 时，再输入一个脉冲，就使计数器清零，且计数器的溢出将使 TCON 中 TF0 或 TF1 置 1，从而向 CPU 发出中断请求。如果定时/计数器工作于定时模式，则表示定时时间到；如果工作于计数模式，则表示计数值已满。

当定时/计数器为定时方式时，计数器对内部机器周期（一个机器周期等于 12 个振荡周期，则计数频率为振荡频率的 1/12）计数，即每过一个机器周期，计数器加 1，直至计满溢出为止。因而计数值乘以机器周期就是定时时间。

当定时/计数器为计数方式时，通过引脚 T0 和 T1 对外部信号计数，计数器在每个机器周期的 S5P2 期间采样引脚输入电平。当一个机器周期采样值为 1，下一个机器周期采样值为 0，则计数器加 1。在接下来的一个机器周期 S3P1 期间，新的计数值装入计数器。由于检测一个由 1 至 0 的跳变需要两个机器周期，因此要求被采样的外部脉冲信号的高低电平至少维持一个机器周期，所以最高计数频率为振荡频率的 1/24。当晶振频率为 12MHz 时，最高计数频率不超过 500kHz，即外部脉冲的周期要大于 2μs。

3. 定时/计数器的工作方式

定时/计数器共用 2 个控制寄存器 TMOD 和 TCON，它们分别用来设置各个定时/计数器的工作方式，选择定时或计数功能，控制启动运行，以及作为运行状态的标志等。

（1）控制寄存器 TMOD

TMOD 在特殊功能寄存器中，字节地址为 89H，无位地址。TMOD 的格式为

GATE	C/$\overline{T}$	M1	M0	GATE	C/$\overline{T}$	M1	M0

由图可见，TMOD 的高 4 位用于 T1，低 4 位用于 T0。4 种符号的定义如下。

GATE：门控制位。当 GATE = 0 时，只要用软件使 TR0 或 TR1 置 1 即可启动相应定时器开始工作。当 GATE = 1 时，除要使 TR0 或 TR1 置 1 外，还要使 $\overline{INT0}$、$\overline{INT1}$ 引脚为高电平时，才能启动相应定时器工作。

C/$\overline{T}$：定时/计数器选择位。C/$\overline{T}$=0，为定时器方式；C/$\overline{T}$=1，为计数器方式。

M1M0：工作方式选择位，定时/计数器的 4 种工作方式由 M1M0 设定，如表 2.1.1 所示。

表 2.1.1　　　　　　　　　　定时/计数器工作方式设置表

M1M0	工作方式	功能说明
00	方式 0	13 位定时/计数器
01	方式 1	16 位定时/计数器
10	方式 2	自动重装初值 8 位定时/计数器
11	方式 3	T0 分为两个独立的 8 位定时/计数器，T1 停止计数

定时/计数器方式控制寄存器 TMOD 不能进行位寻址，只能用字节传送指令设置定时器工作方式，低半字节定义定时/计数器 0，高半字节定义定时/计数器 1。复位时，TMOD 所有位均为 0。

下面举例说明方式选择位的应用。设定时/计数器 0 为计数方式，由软件直接启动，采用方式 2 工作；定时/计数器 1 为定时方式，由软件直接启动，采用方式 1 工作，则 TMOD 控制字为 00010110B，相应指令为 MOV TMOD,#16H。

（2）控制寄存器 TCON

TCON 在特殊功能寄存器中，字节地址为 88H，TCON 的高四位是控制定时/计数器的启动停止及中断申请，低四位用于控制外部中断，将在下一节介绍。

TCON 的格式为

TF1	TR1	TF0	TR0	IE1	IT1	IE0	IT0

其中各位定义如下。

TF1：定时/计数器 1 溢出标志位。当定时/计数器 1 计满溢出时，由硬件使 TF1 置 1，并且申请中断。进入中断服务程序后，由硬件自动清零，在查询方式下用软件清 0。

TR1：定时/计数器 1 运行控制位。TR1 置 1 启动定时/计数器 1 工作，TR1 置 0 停止定时/计数器 1 工作。TR1 置 1 或清零由软件来设置。

TF0：定时/计数器 0 溢出标志。其功能及操作情况同 TF1。

TR0：定时/计数器 0 运行控制位。其功能及操作情况同 TR1。

IE1：外部中断 1 请求标志。

IT1：外部中断 1 触发方式选择位。

IE0：外部中断 0 请求标志。

IT0：外部中断 0 触发方式选择位。

TCON 中低 4 位与中断有关，将在下节中断中详细讲解。由于 TCON 是可以位寻址的，因而如果只清溢出或启动定时/计数器工作，可以用位操作命令。例如：执行 CLR TF0 后则清定时/计数器 0 的溢出，执行 SETB TR1 后可启动定时/计数器 1 开始工作。

（3）定时/计数器的工作方式

80C51 单片机定时/计数器有 4 种工作方式：方式 0、方式 1、方式 2 和方式 3。除方式 3 外，T0 和 T1 有完全相同的工作状态。下面以 T0 为例，分述各种工作方式的特点和用法。

工作方式 0：13 位方式由 TL0 的低 5 位和 TH0 的 8 位构成 13 位计数器（TL0 的高 3 位无效）。工作方式 0 的结构如图 2.1.3 所示。

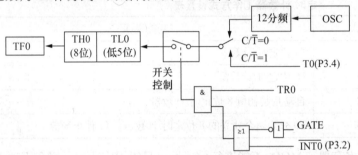

图 2.1.3　定时/计数器 0 工作方式 0 逻辑结构

由图 2.1.3 中的逻辑电路可知，当 GATE = 0 时，只要 TR0 = 1 就可打开控制门，使定时/计数器工作；当 GATE = 1 时，只有 TR0 = 1 且 $\overline{INT0}$ 为高电平，才可打开控制门。GATE、TR0、C/$\overline{T}$ 的状态选择由定时/计数器的控制寄存器 TMOD、TCON 中相应位状态确定，$\overline{INT0}$ 则是外部引脚上的信号。

在一般的应用中，通常使 GATE = 0，从而由 TR0 的状态控制 T0 的开闭：TR0 = 1，打开 T0；TR0 = 0，关闭 T0。在特殊的应用场合，如利用定时/计数器测量接于 $\overline{INT0}$ 引脚上的外部脉冲高电平的宽度时，可使 GATE = 1，TR0 = 1。当外部脉冲出现上升沿，亦即 $\overline{INT0}$ 由 0 变 1 电平时，启动 T0 定时，测量开始；一旦外部脉冲出现下降沿，即 INT0 由 1 变 0 时就关闭了 T0。

定时/计数器启动后，定时或计数脉冲加到 TL0 的低 5 位，从预先设置的初值（时间常数）开始不断加 1。TL0 计满后，向 TH0 进位。当 TL0 和 TH0 都计满之后，置位 T0 的定时/计数器 0 标志位 TF0，以此表明定时时间或计数次数已到，以供查询或在开中断的条件下，向 CPU 请求中断。如需进一步定时/计数，需要指令重置时间常数。

工作方式 1：这是 16 位计数器结构的工作方式，计数器由 TH0 8 位和 TL0 8 位构成。与工作方式 0 基本相同，区别仅在于工作方式 1 的计数器 TL0 和 TH0 组成 16 位计数器，从而比工作方式 0 有更宽的定时/计数范围，其逻辑结构图如图 2.1.4 所示。

工作方式 2：方式 2 为 8 位自动重装初值计数方式。由 TL0 构成 8 位计数器，TH0 仅用来存放初值。启动 T0 前，TL0 和 TH0 装入相同的初值，当 TL0 计满后，将标志位

TF0 置位，同时 TH0 中的初值还会自动地装入 TL0，并重新开始定时或计数。由于这种方式不需要指令重装初值，因而操作方便，在允许的条件下，应尽量使用这种工作方式。当然，这种方式的定时/计数范围要小于方式 0 和方式 1。工作方式 2 的逻辑结构如图 2.1.5 所示。

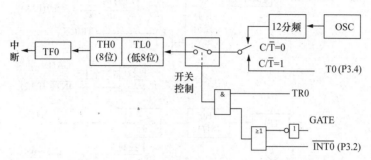

图 2.1.4　定时/计数器 0 工作方式 1 逻辑结构

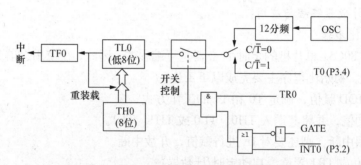

图 2.1.5　定时/计数器 0 工作方式 2 逻辑结构

　　初始化时，8 位计数初值同时装入 TL0 和 TH0 中。当 TL0 计数溢出时，置位 TF0，同时把保存在预置寄存器 TH0 中的计数初值自动加载 TL0，然后 TL0 重新计数，如此重复不止。这不但省去了用户程序中的重装指令，而且也有利于提高定时精度。但这种工作方式下是 8 位计数结构，计数值有限，最大只能到 255。这种自动重装初值方式非常适用于循环定时或循环计数应用。例如，用于产生固定脉宽的脉冲，此外还可以作串行数据通信的波特率发送器使用。

　　工作方式 3：方式 3 只适用于定时/计数器 0。如果使定时/计数器 1 为工作方式 3，则定时/计数器 1 将处于关闭状态。

　　当 T0 为工作方式 3 时，T0 分成 2 个独立的 8 位计数器 TL0 和 TH0。TL0 既可作定时器，又可作计数器，并使用 T0 的所有控制位：GATE、C/T̄、TR0、TF0 和 INT0̄。TH0 只能用作定时器，并且占用 T1 的控制位 TR1、TF1。因此 TH0 的启、停受 TR1 控制，TH0 的溢出将置位 TF1，且占用 T1 的中断源。其逻辑结构如图 2.1.6 所示。

　　通常情况下，T0 不运行于工作方式 3，只有在 T1 处于工作方式 2，并不要求中断的条件下才可能使用。这时，T1 往往用作串行口波特率发生器，TH0 用作定时器，TL0 作为定时或计数器。所以，方式 3 是为了使单片机有 1 个独立的定时/计数器、1 个定时器及 1 个串行口波特率发生器的应用场合而特地提供的。这时，可把定时/计数器 1 用于工作方式 2，

把定时/计数器 0 用于工作方式 3。

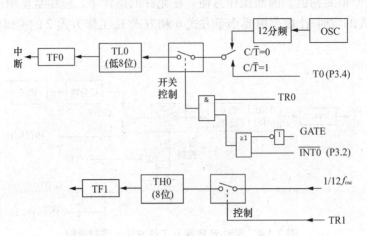

图 2.1.6　定时/计数器 0 工作方式 3 逻辑结构

4. 定时/计数器编程与应用

（1）初始化步骤

前面介绍 80C51 单片机的定时/计数器是可编程的。因此，在使用之前先要通过软件对其进行初始化。初始化程序主要完成以下工作。

- 对 TMOD 赋值，确定 T0 和 T1 的工作方式。
- 计算初值，并将其送入 TH0、TL0 或 TH1、TL1。
- 如使用中断，则还要对 IE 进行赋值，开放中断。
- 将 TR0 或 TR1 置位，启动定时/计数器。

（2）初值确定方法

因为不同的工作方式，计数器位数不同，因而最大计数值也不同。下面介绍初值的具体算法。假设最大计数值为 M，各种工作方式下的 M 值如下。

工作方式 0：$M = 2^{13} = 8192$。

工作方式 1：$M = 2^{16} = 65536$。

工作方式 2：$M = 2^8 = 256$。

工作方式 3：T0 分成两个独立的 8 位计数器，所以两个 M 均为 256。

因为定时/计数器是做加 1 计数，并在计满溢出时置位 TF0 或 TF1，因此初值 X 计算公式为：

$$X = M - 计数值$$

下面举例说明。设系统时钟频率为 12MHz，要产生 10ms 定时，计算初值。在时钟频率为 12MHz 时，机器周期为 1μs，要产生 10ms 定时需要对机器周期计数 10 000 次，则 10 000 即为计数值，如果要求在方式 1 下工作，则初值 X = M − 计数值 = 65536 − 10000 = 55536 =D8F0H。

5. 应用举例

【例 2.1】设单片机系统的晶振频率为 6MHz，利用定时/计数器 T1 方式 0，产生周期为 500ms 的方波信号，并由 P1.0 输出。

解：

（1）计算计数初值。

欲产生 500us 的方波，只需在 P1.0 端以 250ms 为周期交替输出高低电平即可实现，因此定时时间应为 250μs。使用 6MHz 晶振，可知一个机器周期为 2μs。方式 0 为 13 位计数结构。设待求的计数初值为 X，则：

$X = 2^{13} - (250 \div 2) = 8067$，化为二进制数表示为 1111110000011。十六进制表示，高 8 位为 FCH，放入 TH1，即 TH1 = FCH；低 5 位为 03H，放入 TL1，即 TL1 = 03H。

（2）TMOD 寄存器初始化。

为把定时/计数器 1 设定为方式 0，则 M1M0 = 00；为实现定时功能，应使 $C/\overline{T}$ =0；为实现定时/计数器 1 的运行控制，则 GATE = 0。定时/计数器 0 不用时，有关位设定为 0。因此 TMOD 寄存器应初始化为 00H。

（3）由定时/计数器控制寄存器 TCON 中的 TR1 位控制定时的启动和停止，TR1 = 1 启动，TR1 = 0 停止。

（4）程序设计。

```
#include <at89x51.h>
  void main(void)
{
    TMOD = 0x00;    //设置 T1 为工作方式 0
    TH1 = 0XFC;     //设置计数初值
    TL1 = 0X03;
    TR1 = 1;        //启动定时
    while(1)
    {
        while(!TF1);    //查询计数溢出
        TF1=0;
        TH1 = 0XFC;
        TL1 = 0X03;
        P1_0 = !P1_0;
    }
}
```

【例 2.2】用定时/计数器 0 以工作方式 2 产生 100μs 定时，在 P1.5 输出周期为 200μs 的连续方波。已知晶振频率 f_{osc} = 6MHz。

解：

（1）计算计数初值。

6MHz 晶振下，一个机器周期为 2μs，假设计数初值为 X，则：

$$X = 256 - 100/2 = 206 = 0XCE$$

把 0CEH 分别装入 TH0 和 TL0 中：

$$TH0 = 0XCE, \quad TL0 = 0XCE$$

（2）TMOD 寄存器初始化。

定时/计数器 0 为工作方式 2，M1M0 = 10；为实现定时功能设 $C/\overline{T}$ =0；为实现定时/计数器 0 的运行，GATE = 0；定时/计数器 1 不用时，有关位设定为 0。综上情况，TMOD 寄存器的状态应为 02H。

（3）程序设计。

```c
#include <at89x51.h>
void main(void)
{
    TMOD = 0x02; //设置 T1 为工作方式 2
    TH0 = 0xCE;     //设置计数初值
    TL0 = 0xCE;
    TR0 = 1;          //启动定时
    while(1)
    {
        while(!TF0);    //查询计数溢出
        TF1=0;
        P1_0 = !P1_0;
    }
}
```

由于方式 2 具有自动重装载功能，因此计数初值只需设置一次，以后不再需要软件重置。

【例 2.3】用定时/计数器 1 以工作方式 2 对外部脉冲计数，每计 100 个进行一次 P1.0 取反操作。

解：

（1）计算计数初值。

计数方式下可将初值设置为 0，然后判断计数值是否达到 99，计至 99 再回 0 时进行取反操作。当然也可通过在定时/计数器应用中学习的方法，设置一个中间初值通过判断计数器溢出的方式来判断是否计了 100 个。本例为了解释计数值的读出方法，采用前述方式。

（2）TMOD 寄存器初始化。

$$M1M0 = 10, C/T = 1, GATE = 0，因此 TMOD = 60H。$$

（3）程序设计。

```c
#include <at89x51.h>
void main(void)
{
    TMOD = 0x60; //设置 T1 为工作方式 2
    TL1 = 0;
    TR1 = 1;
    while(1)
    {
        while(TL1<100);
        TL1 = 0;
        P1_0 = !P1_0;
    }
}
```

六、拓展项目训练

使用 51 单片机的定时/计数器，设计一个方波发生器，要求在单片机 P1.0 口输出频率为 1 000Hz 的方波。

【总结练习】

1. 51 单片机有_____个_____位定时/计数器，有_____种工作方式。要使定时/计数器 0 工作在定时模式、方式 1，应设置 TMOD = _____H。

2. 要求使用 51 单片机的定时/计数器对外部 10 000 个事件计数，应选择方式_____。

3. 简述定时/计数器初始化步骤。

4. 编写程序时如何获知定时/计数器已经溢出？

5. 假设要定时 1 秒钟将 LED 取反一次，请阐述使用单片机定时/计数器 0 来解决的方法（具体到寄存器的设置、初值的计算）。

【项目二】 51 单片机中断系统应用
——具有校时功能的电子钟

一、项目设计目的

通过设计具有校时功能电子钟，掌握定时器中断、外部中断的应用方法。

二、项目要求

使用定时器中断进行电子钟核心定时功能设计，设计 3 个独立按键进行时间调整，其中一个键用来选择调整对象（时分秒），一个键用来对调整对象进行"+"操作，一个键用来对调整对象进行"-"操作。时、分、秒用液晶平台显示。

三、项目完成时间

2 学时。

四、项目描述

1. 硬件环境

如图 2.2.1 所示，在图 1.4.4 所示硬件基础上，添加 3 个独立按键 ADD、SUB、SW。其中 SW 用于切换调整对象，接在单片机的 P3.2 引脚上。ADD 键、SUB 键分别接在 P1.6、P1.7 引脚上。

2. 参考程序

```c
#include <AT89x51.H>
#include "lcd12864.h"
#define    uchar unsigned char
#define    uint unsigned int
#define    KEY_ADD P1_6
#define    KEY_SUB P1_7
uchar code title[] = {"Current time is:"};
/*全局变量定义*/
uchar t50ms,ts = 56,tm = 34,th = 12;
uchar switch_No;
uchar DISP_BUFFER[] = "00:00:00";
//定时器中断函数，产生时标信号
void timer0(void)interrupt 1 using 1
{
TH0 = 0x3c;
TL0 = 0xb0;//10ms 定时初值
t50ms + +;
if(t50ms = =20)
    {
    t50ms = 0;
    ts + +;
```

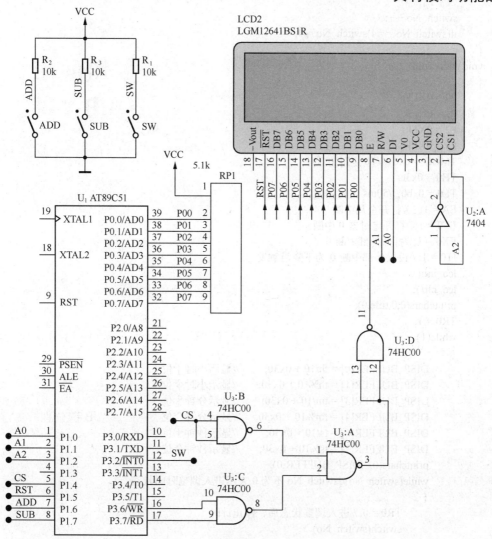

图 2.2.1　校时功能电子钟硬件环境

```
if(ts = =60)
    {ts = 0;
    tm + +;
    if(tm = =60)
        {tm = 0;
        th + +;
        if(th = =24)
            {th = 0;}
        }
    }
}
//切换调整对象按键中断
void key_switch(void)interrupt 0 using 2
{
```

```
        switch_No + +;
        if(switch_No = =4)switch_No = 0;
}
void main(void)
{
    P0 = 0XFF;
    P1 = 0XFF;
    P2 = 0XFF;
    P3 = 0XFF;
    TMOD = 0x01;//T0 定时方式 1
    TH0 = 0x3c;
    TL0 = 0xb0; //50ms 定时初值
    EA = 1;   //打开全局中断
    ET0 = 1; //打开定时器 0 中断
    EX0 = 1; //打开外部中断 0
    IT0 = 1; //设置外部中断 0 为下降沿触发
    lcd_init();
    lcd_clr();
    printchars(0,0,title,0);
    TR0 = 1;
    while(1)
    {
        DISP_BUFFER[0] = th/10 + 0x30;      //显示小时十位
        DISP_BUFFER[1] = th%10 + 0x30;      //显示小时个位
        DISP_BUFFER[3] = tm/10 + 0x30;      //显示分钟十位
        DISP_BUFFER[4] = tm%10 + 0x30;      //显示分钟个位
        DISP_BUFFER[6] = ts/10 + 0x30;      //显示秒钟十位
        DISP_BUFFER[7] = ts%10 + 0x30;      //显示秒钟个位
        printchars(0,2,DISP_BUFFER,0);
        while(switch_No)//switch_No 不为 0 表示进入调整时间状态
        {
            TR0 = 0; //进入调整状态后，停止计时
            switch(switch_No)
            {
                case 0:break;
                case 1:
                {
                    if(KEY_ADD = =0)
                    {
                        if(th<23)th + +;  else th = 0;
                    }
                    if(KEY_SUB = =0)
                    {
                        if(th>0)th--;      else th = 23;
                    }
                    delay(3000);
                    break;
                }
                case 2:
                {
```

```
            if(KEY_ADD = =0)
            {
                if(tm<59)tm + +; else tm = 0;
            }
            if(KEY_SUB = =0)
            {
                if(tm>0)tm--;     else tm = 59;
            }
            delay(3000);
            break;
        }
        case 3:
        {
            if(KEY_ADD = =0)
            {
                if(ts<59)ts + +;   else ts = 0;
            }
            if(KEY_SUB = =0)
            {
                if(ts>0)ts--;else ts = 59;
            }
            delay(3000);
            break;
        }
    }
    DISP_BUFFER[0] = th/10 + 0x30;        //显示小时十位
    DISP_BUFFER[1] = th%10 + 0x30;        //显示小时个位
    DISP_BUFFER[3] = tm/10 + 0x30;        //显示分钟十位
    DISP_BUFFER[4] = tm%10 + 0x30;        //显示分钟个位
    DISP_BUFFER[6] = ts/10 + 0x30;        //显示秒钟十位
    DISP_BUFFER[7] = ts%10 + 0x30;        //显示秒钟个位
    printchars(0,2,DISP_BUFFER,0);
    }
    TR0 = 1; //推出调整状态后，重新开始计时
    }
}
```

五、项目总结

通过项目的设计，学习实践了定时器中断、外部中断的设置和对应中断函数的编写方法。中断的发生具有随机性，中断的响应要求有实时性。中断系统也是独立于 CPU 运行的，因此，CPU 不需要花大量时间去查询具有中断能力的外设，只需要在外设申请了中断后去响应即可，因此能使程序具有较高的效率。

六、拓展理论学习

MCS-51 单片机提供了 5 个中断源：两个外部中断（INT0 和 INT1）、两个定时中断（定时/计数器 0 和定时/计数器 1）及一个串行中断。52 以上单片机增加了一个定时/计数器 2中断。

MCS-51 单片机有 2 个中断优先级：每个中断源都可以通过置位或清除特殊寄存器 IE

中的相关中断，允许控制位分别使得中断源有效或无效。

中断依靠硬件来改变 CPU 的运行方向。当 CPU 正在处理某事件时，外部发生了其他事件（如定时时间到），需要 CPU 马上去处理，这时 CPU 暂停当前工作，转去处理所发生的事件，处理完成之后，再回到被打断的地方继续原来的工作。这样的过程称为中断。能实现中断功能的硬件称为中断系统。

"中断"之后所执行的相应的处理程序通常称之为中断服务或中断处理子程序，原来正常运行的主程序被断开的位置（或地址）称为"断点"。引起中断的原因，或能发出中断申请的来源，称为"中断源"。中断源要求服务的请求称为"中断请求"或"中断申请"。

主机响应中断进入中断服务程序时需要将断点和现场进行保护，这一点和调用子程序的过程有些相似。待中断服务程序执行完成后再恢复现场，返回原断点继续执行原程序。两者的主要差别是：调用子程序在程序中是事先安排好的，而何时调用中断服务程序事先却无法确定，因为"中断"的发生是由外部因素决定的，程序中无法事先安排调用指令，这个过程是由硬件自动完成的。另外中断返回指令采用 RETI 指令，子程序返回采用 RET 指令。

MCS-51 单片机中断系统结构图如图 2.2.2 所示。

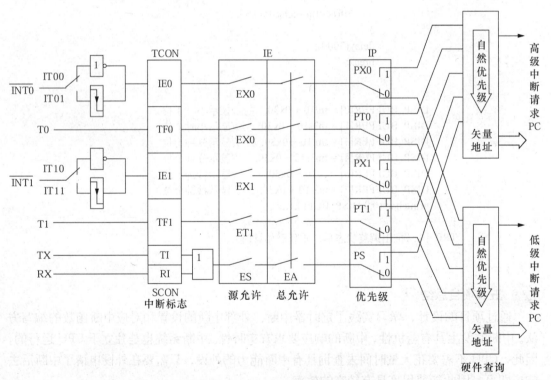

图 2.2.2　MCS-51 单片机中断系统结构

1．中断源

由图 2.2.2 可以看出 MCS-51 共有 5 个中断源：2 个为由 $\overline{INT0}$（P3.2）和 $\overline{INT1}$（P3.3）引脚输入的外部中断请求，2 个为片内的定时/计数器 T0 和 T1 溢出中断请求 TF0、TF1，还有 1 个为片内的串行口中断请求 TI 或 RI。这些中断源的中断请求信号分别由特殊功能寄存器 TCON 和 SCON 的相应位锁存。

5 个中断源详述如下。

$\overline{INT0}$：外部中断 0 请求，由 P3.2 脚输入。通过 IT0 脚（TCON.0）来决定是低电平有效还是下跳变有效。一旦输入信号有效，就向 CPU 申请中断，并建立 IE0 标志。

$\overline{INT1}$：外部中断 1 请求，由 P3.3 脚输入。通过 IT1 脚（TCON.2）来决定是低电平有效还是下跳变有效。一旦输入信号有效，就向 CPU 申请中断，并建立 IE1 标志。

TF0：定时/计数器 T0 溢出中断请求。当定时/计数器 0 产生溢出时，定时/计数器 0 中断请求标志位（TCON.5）置位（由硬件自动执行），请求中断处理。

TF1：定时/计数器 1 溢出中断请求。当定时/计数器 1 产生溢出时，定时/计数器 1 中断请求标志位（TCON.7）置位（由硬件自动执行），请求中断处理。

RI 或 TI：串行中断请求。当接收或发送完一串行帧时，内部串行口中断请求标志位 RI（SCON.0）或 TI（SCON.1）置位（由硬件自动执行），请求中断。

2. 中断标志

每一个中断源由程序控制为允许中断或禁止中断。当 CPU 执行关中断指令（或系统复位后），将屏蔽所有的中断请求，当 CPU 执行开中断指令以后才可能接受中断请求。每一个中断请求源可编程控制为高优先级中断或低优先级中断，能实现两级中断嵌套。一个正在执行的低优先级中断服务程序可以被高优先级中断请求所打断，但不能被同级的中断请求所打断；一个正在执行的高优先级的中断服务程序，则不能被任何中断源所打断。中断处理结束后，至少要执行一条指令，才能响应新的中断请求。

与中断有关的寄存器有 4 个，分别为定时/计数器控制寄存器 TCON、串行口控制寄存器 SCON、中断允许控制寄存器 IE 和中断优先级控制寄存器 IP。其中 TCON 和 SCON 只有一部分位用于中断控制。

（1）定时器控制寄存器 TCON

TCON 为定时/计数器 0 和 1 的控制寄存器，同时也锁存 T0 和 T1 的溢出中断标志及外部中断 $\overline{INT0}$ 和 $\overline{INT1}$ 的中断标志等。

bit	8FH	8EH	8DH	8CH	8BH	8AH	89H	88H	
TCON	TF1		TF0		IE1	IT1	IE0	IT0	(88H)

与中断有关的位解释如下。

TF1（TCON.7）：定时/计数器 1 的溢出中断标志。T1 被启动计数后，从初值做加 1 计数，计满溢出后由硬件置位 TF1，并向 CPU 发出中断请求，此标志一直保持到 CPU 响应中断后才由硬件自动清零。也可由软件查询或清除。

TF0（TCON.5）：定时/计数器 0 溢出中断标志。其含义与 TF1 类同。

IE1（TCON.3）：外部中断 $\overline{INT1}$ 的中断请求标志。当 CPU 检测到外部中断引脚 $\overline{INT1}$ 上存在有效的中断信号时，由硬件置位 IE1 向 CPU 申请中断。CPU 响应该中断请求时，由硬件使 IE1 清零（边沿触发方式）。

IT1（TCON.2）：外部中断 $\overline{INT1}$ 的触发方式控制位。

当 IT1 = 0 时，外部中断 $\overline{INT1}$ 控制为电平触发方式，低电平有效。CPU 在每个机器周期的 S5P2 期间对 $\overline{INT1}$ 引脚采样，若为低电平则认为有中断申请，随即置位 IE1；若为高

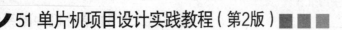

电平，则认为无中断申请，使 IE1 清零。在电平触发方式中，CPU 响应中断后不能由硬件自动清除 IE1 标志，也不能由软件清除 IE1 标志，所以，在中断返回之前必须撤销引脚上的低电平，否则将再次中断导致出错。

当 IT1 = 1 时，外部中断 $\overline{INT1}$ 控制为边沿触发方式，负跳变有效。CPU 在每个机器周期的 S5P2 期间对 $\overline{INT1}$ 引脚采样，若在相继的两个机器周期采样过程中，首先采样到 $\overline{INT1}$ 为高电平，接着的下一个机器周期采样到 $\overline{INT1}$ 为低电平，则认为有中断申请，置位 IE1；直到 CPU 响应中断后，才由硬件使 IE1 清零。在边沿触发中，外部中断源输入的高低电平的持续时间至少要大于 12 个时钟周期。

IE0（TCON.1）：外部中断 $\overline{INT0}$ 的中断请求标志。其含义与 IE1 类同。

IT0（TCON.0）：外部中断 $\overline{INT0}$ 的触发方式控制位。其含义与 IT1 类同。

（2）串行口控制寄存器 SCON

SCON 是串行口控制寄存器，其低两位 TI 和 RI 锁存串行口的发送中断标志和接收中断标志。

bit							99H	98H	
SCON							TI	RI	(98H)

TI（SCON.1）：串行口发送中断请求标志。CPU 将数据写入发送缓冲器 SBUF 时，就启动发送，每发送完一个串行帧，硬件将使 TI 置位。但 CPU 响应中断时并不清除 TI，必须由软件清除。

RI（SCON.0）：串行口接收中断请求标志。在串行口允许接收时，每接收完一个串行帧，硬件将使 RI 置位。同样，CPU 在响应中断时不会清除 RI，必须由软件清除。

8051 系统复位后，TCON 和 SCON 均清零，应用时要注意各位的初始状态。

（3）中断允许控制寄存器 IE

计算机中断系统有两种不同类型的中断：一类称为非屏蔽中断，另一类称为可屏蔽中断。对非屏蔽中断，用户不能用软件的方法加以禁止，一旦有中断申请，CPU 必须予以响应。对可屏蔽中断，用户可以通过软件方法来控制是否允许某中断源的中断，允许中断称中断开放，不允许中断称中断屏蔽。

MCS-51 系列单片机的 5 个中断源都是可屏蔽中断，CPU 在中断系统内部设有一个专用寄存器 IE，用于控制对各中断源的开放或屏蔽。IE 寄存器格式如下。

bit	AFH			ACH	ABH	AAH	A9H	A8H	
IE	EA			ES	ET1	EX1	ET0	EX0	(A8H)

EA（IE.7）：总中断允许控制位。EA = 1，开放所有中断，各中断源的允许和禁止可通过相应的中断允许位单独加以控制；EA = 0，禁止所有中断。

ES（IE.4）：串行口中断允许位。ES = 1，允许串行口中断；ES = 0，禁止串行口中断。

ET1（IE.3）：定时/计数器 1 的溢出中断允许位。ET1 = 1，允许定时/计数器 1 中断；ET1 = 0，禁止定时/计数器 1 中断。

EX1（IE.2）：外部中断 $\overline{INT1}$ 中断允许位。EX1 = 1，允许 $\overline{INT1}$ 中断；EX1 = 0，禁止 $\overline{INT1}$

中断。

ET0 (IE.1)：定时/计数器 0 的溢出中断允许位。ET0 = 1，允许定时/计数器 0 中断；ET0 = 0，禁止定时/计数器 0 中断。

EX0 (IE.0)：外部中断 $\overline{\text{INT0}}$ 中断允许位。EX0 = 1，允许 $\overline{\text{INT0}}$ 中断；EX0 = 0，禁止 $\overline{\text{INT0}}$ 中断。

8051 单片机系统复位后，IE 中各中断允许位均被清零，即禁止所有中断。

（4）中断优先级控制寄存器 IP

8051 单片机有两个中断优先级，每个中断源都可以通过编程确定为高优先级中断或低优先级中断，因此，可实现二级嵌套。

专用寄存器 IP 为中断优先级寄存器，锁存各中断源优先级控制位，IP 中的每一位均可由软件来置 1 或清 0，且 1 表示高优先级，0 表示低优先级。其格式如下。

bit				BCH	BBH	BAH	B9H	B8H	
IP				PS	PT1	PX1	PT0	PX0	(B8H)

PS (IP.4)：串行口中断优先控制位。PS = 1，设定串行口为高优先级中断；PS = 0，设定串行口为低优先级中断。

PT1 (IP.3)：定时/计数器 1 中断优先控制位。PT1 = 1，定时/计数器 1 中断为高优先级中断；PT1 = 0，定时/计数器 1 中断为低优先级中断。

PX1 (IP.2)：外部中断 $\overline{\text{INT1}}$ 中断优先控制位。PX1 = 1，设定外部中断 $\overline{\text{INT1}}$ 为高优先级中断；PX1 = 0，设定外部中断 $\overline{\text{INT1}}$ 为低优先级中断。

PT0 (IP.1)：定时/计数器 0 中断优先控制位。PT0 = 1，定时/计数器 0 中断为高优先级中断；PT0 = 0，定时/计数器 0 中断为低优先级中断。

PX0 (IP.0)：外部中断 $\overline{\text{INT0}}$ 中断优先控制位。PX0 = 1，设定外部中断 $\overline{\text{INT0}}$ 为高优先级中断；PX0 = 0，设定外部中断 $\overline{\text{INT0}}$ 为低优先级中断。

当系统复位后，IP 被清零，所有中断源均设定为低优先级中断。IP 各位都可以由用户程序置位或复位。

当有两个以上中断源同时发出中断请求时，CPU 通过内部硬件查询序列来确定优先服务于哪一个中断请求。对于经过设置 IP 而处于同一优先级的中断源来说，由于 CPU 查询中断源仍然有先后顺序，因此在同优先级的基础上还是存在一个相对优先级的顺序。如表 2.2.1 所示。优先级由硬件形成，排列如下。

表 2.2.1　　　　　　　　中断源的优先级

中断源	同级的中断优先级
外部中断 $\overline{\text{INT0}}$	0（最高级）
定时/计数器 0 中断	1
外部中断 $\overline{\text{INT1}}$	2
定时/计数器 1 中断	3
串行口中断	4（最低级）

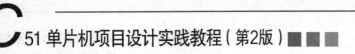

3. 中断响应及响应过程

CPU 在每个机器周期的 S5P2 顺序采样每一个中断源。当中断源申请中断时，先将这些中断请求锁存在 TCON 或 SCON 寄存器的相应位。在每一个机器周期的 S6 期间顺序查询所有的中断标志，并按规定的优先级处理所有被激活了的中断请求。如果没有被下述条件所阻止，将在下一个机器周期的 S1 期间响应激活了的中断请求。

条件 1：CPU 正在处理同级或更高级的中断。

条件 2：当前的机器周期不是所执行指令的最后一个机器周期（即正在执行的指令完成前，任何中断请求都得不到响应）。

条件 3：正在处理的指令是 RETI 或对 IE、IP 寄存器的读写操作指令（即在 RETI 或者读写 IP、IE 之后，不会马上响应中断请求，而是至少再执行一条其他指令之后才会响应）。

条件 2 确保正在处理的指令在进入任何中断服务程序前可以执行完毕。条件 3 确保了如果正在处理的指令是 RETI 或任何访问 IE 或 IP 寄存器的指令，那么在进入任何中断服务程序之前至少再执行一条指令。

需要特别注意的是，如果上述条件中有一个存在，CPU 将丢弃中断查询的结果；否则将在紧接着的下一个机器周期执行中断查询的结果，即每次查询周期都会更新中断标志。

如果因为出现上面所述的情况，造成某个中断标志位有效但仍然没有被响应，则当阻碍的条件撤除时中断标志将不再有效，中断也将不再响应。换句话说，如果中断标志有效时没有响应中断，之后将不再被记忆。

中断响应过程包括保护断点和将程序转向中断服务程序的入口地址。首先，中断系统通过硬件自动生成长调用指令（LACLL），该指令将自动把断点地址压入堆栈保护（不保护累加器 A、状态寄存器 PSW 和其他寄存器的内容），然后，将对应的中断入口地址装入程序计数器 PC（由硬件自动执行），使程序转向该中断入口地址，执行中断服务程序。MCS-51 系列单片机各中断源的入口地址由硬件事先设定，分配如表 2.2.2 所示。

表 2.2.2　　　　　　　　　　中断源及入口地址

中断源	中断在 ROM 中的入口地址
外部中断 $\overline{INT0}$	0003H
定时/计数器 0 中断	000BH
外部中断 $\overline{INT1}$	0013H
定时/计数器 1 中断	001BH
串行口中断	0023H

使用时，通常在这些中断入口地址处存放一条绝对跳转指令，使程序跳转到用户安排的中断服务程序的起始地址上去。

4. 中断处理

中断处理就是执行中断服务程序。中断服务程序从中断入口地址开始执行，到返回指令 RETI 为止。中断处理一般包括两部分内容，一是保护现场，二是完成中断源请求的服务。

通常，主程序和中断服务程序都会用到累加器 A、状态寄存器 PSW 及其他一些寄存器。当 CPU 进入中断服务程序用到上述寄存器时，会破坏原来存储在寄存器中的内容，一旦中断返回，有可能会导致主程序的混乱。因此，在进入中断服务程序后，一般要先保护现场，然后，执行中断处理程序，在中断返回之前再恢复现场。

编写中断服务程序时有以下几点经验。

① 各中断源的中断入口地址之间只相隔 8 个字节，容纳不下普通的中断服务程序，因此，在中断入口地址单元通常存放一条无条件转移指令，可将中断服务程序转至存储器的其他任何空间。

② 在中断处理过程中，有可能被更高一级的中断打断，形成中断嵌套。如图 2.2.3 所示。

若要在执行当前中断程序时禁止其他更高优先级中断，需先用软件关闭 CPU 中断，或用软件禁止相应高优先级的中断，在中断返回前再开放中断。

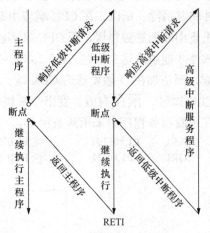

图 2.2.3 中断嵌套流程图

5. 中断返回

中断返回是指中断服务完后，计算机返回原来断开的位置（即断点），继续执行原来的程序。中断返回由中断返回指令 RETI 来实现。该指令的功能是把断点地址从堆栈中弹出，送回到程序计数器 PC。此外，还通知中断系统已完成中断处理，并同时清除优先级状态触发器。

CPU 执行 RETI 时，清除响应中断时所置位的优先级触发器，然后从堆栈中弹出顶上的两个字节到程序计数器 PC，CPU 从原来打断处重新执行被中断的程序。特别要注意的是：RET 只具有后面的功能，所以不能用 RET 指令代替 RETI 指令来完成中断返回。

6. 中断请求的撤除

CPU 响应中断请求后即进入中断服务程序，在中断返回前，应撤除该中断请求，否则，会重复引起中断而导致错误。MCS-51 各中断源中断请求撤销的方法各不相同，具体内容如下。

（1）定时/计数器中断请求的撤除

对于定时/计数器 0 或 1 溢出中断，CPU 在响应中断后即由硬件自动清除其中断标志位 TF0 或 TF1，无需采取其他措施。

（2）串行口中断请求的撤除

对于串行口中断，CPU 在响应中断后，硬件不能自动清除中断请求标志位 TI、RI，必须在中断服务程序中用软件将其清除。

（3）外部中断请求的撤除

外部中断可分为边沿触发型和电平触发型。

对于边沿触发的外部中断 $\overline{INT0}$ 或 $\overline{INT1}$，CPU 在响应中断后由硬件自动清除其中断标志位 IE0 或 IE1，无需采取其他措施。

对于电平触发的外部中断，其中断请求撤除方法较复杂。因为对于电平触发外中断，CPU 在响应中断后，硬件不会自动清除其中断请求标志位 IE0 或 IE1，同时，也不能用软件将其清除，所以，在 CPU 响应中断后，应立即撤除或引脚上的低电平，否则，就会引起重复中断而导致错误，而 CPU 又不能控制或引脚的信号，因此，只有通过硬件再配合相应软件才能解决这个问题。图 2.2.4 是可行方案之一。图中外部中断请求信号不直接加在 $\overline{\text{INT0}}$ 端，而是加在 D 触发器的 CLK 端。由于 D 端接地，当外部中断请求的正脉冲信号出现在 CLK 端时，$\overline{\text{INT0}}$ 有效，发出中断请求。CPU 响应中断后，利用 P1 口的 P1.0 作为应答线，在中断服务程序中采用两条指令：

```
ANL    P1,#0FEH        ; 使 P1.0 为 0
ORL    P1,#01H         ; 使 P1.0 为 1
```

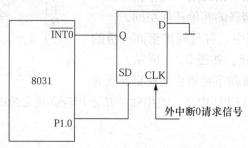

图 2.2.4　电平触发的中断源清除

第一条指令输出一个负脉冲，其持续时间为 2 个机器周期，足以使 D 触发器置位，撤除中断请求。第二条指令使 P1.0 变为 1，允许外部再次产生电平中断，忽略第二条指令会使 D 触发器的 SD 端始终有效，$\overline{\text{INT0}}$ 始终为 1，无法再次形成新的外部中断。

7. 中断应用举例

【例 2.4】已知单片机的晶振频率 $f_{osc} = 6\text{MHz}$，试利用定时/计数器 T0（方式 0）产生的中断，使 P1.0 引脚上输出周期为 4ms 的方波。

解：要使 P1.0 输出 4ms 的方波，只要使 P1.0 每隔 2ms 取一次反就可以了。因此将定时/计数器 0 的定时时间设为 2ms。

（1）T0 的方式字为 TMOD = 00H，即

TMOD.1 = TMOD.0 = 0　　即 M1M0 = 00，T0 为方式 0，为 13 位定时/计数方式。

TMOD.2 = C/$\overline{\text{T}}$ = 0　　　T0 为定时状态。

TMOD.3 = GATE = 0　　　由软件控制 TR0 位启动定时/计数器。

TMOD.4～TMOD.7 为定时/计数器 1 的方式字段，与 T0 无关，本例全取 '0'。

（2）定时时间计算：

设 T0 的计数初值为 X，则

$$(2^{13} - X) \times \frac{12}{6} \times 10^{-6} = 2 \times 10^{-3}$$

解之可得

$$X = 7192 = 1\text{C}18\text{H} = \underbrace{11100000}_{\substack{\text{高8位}\\\text{E0H}}}\ \underbrace{11000}_{\substack{\text{低5位}\\\text{18H}}}\text{B}$$

所以 TH0 初值设为 E0H，TL0 初值设为 18H。

（3）参考程序：

```c
#include <AT89x51.H>
//T0 中断函数，产生方波
void t0()interrupt 1 using 1
{
    TH0 = 0xE0;TL0 = 0x18;
    P1_0 = !P1_0;
}
void main(void)
{
    TMOD = 0x00;              //定时/计数器工作方式设定
    TH0 = 0xE0;TL0 = 0x18;//定时/计数器初值设定
    EA = 1;ET0 = 1;//打开全局中断和定时/计数器 0 中断
    TR0 = 1;              //启动定时/计数器 0
    while(1);
}
```

七、拓展项目训练

使用定时/计数器中断，设计一个 200Hz 的 PWM 方波发生器。

【总结练习】

1．51 单片机有_____个中断源，分别是_____。

2．要打开51单片机的定时/计数器0中断,应设置IE寄存器中的_____和_____为"1"；在使用 C51 编程语言进行编程时，定时/计数器 0 的中断号是_____。

3．要求打开外部中断 0 的中断，需要将_____和_____两位设置为"1"。

4．单片机的 6 个中断标志中，不能被硬件自动清零而需要软件清零的是_____和_____。

5．51 单片机 5 个中断源的默认优先级顺序为_____。

6．写出单片机 C 语言中断函数的典型格式。

7．单片机 C 语言中断函数的编写注意事项有哪些？

91

【项目三】 51 单片机串行扩展技术（一）
——单片机开机密码设置

一、项目设计目的

通过对 I^2C 存储器 AT24C02 的扩展应用，了解 I^2C 串行通信协议，理解串行存储器扩展的优势，掌握根据串行外设的时序编写驱动程序的思路和一般模式。

二、项目要求

使用单片机通用引脚模拟 I^2C 协议，对外接的串行 FLASH 存储器 AT24C02 进行数据的读取与写入。具体要求为：给单片机设置 3 个按键，一个按键用来切换设置密码的位，一个键用来对指定的位进行数字"+"操作，一个键用来对指定的位进行数字"-"操作；开机时，等待用户输入密码，当密码设置正确时，进入单个 LED 闪烁的主程序运行，如果输入密码不正确，就不能进入主程序。

三、项目完成时间

4 学时。

四、项目描述

1. 硬件环境

硬件连接如图 2.3.1 所示。

2. 主程序

```
#include <AT89x51.H>
#include "lcd12864.h"
#include "AT24C02.h"
#define  uchar unsigned char
#define  uint unsigned int
#define  KEY_ADD P1_6
#define  KEY_SUB P1_7
#define  LED      P1_3
uchar switch_No;//密码输入位标志，为 0 时表示密码提交状态；1、2、3 时为设置状态
uchar PASSWORD_BUFFER[] = "000";
uchar DISP_BUFFER[3];
void Delay_ms(uint j)
{
    uchar i,k;
    for(i = j;i>0;i--)
    for(k = 120;k>0;k--);
}
//切换调整对象按键中断
void key_switch(void)interrupt 0 using 2
{
```

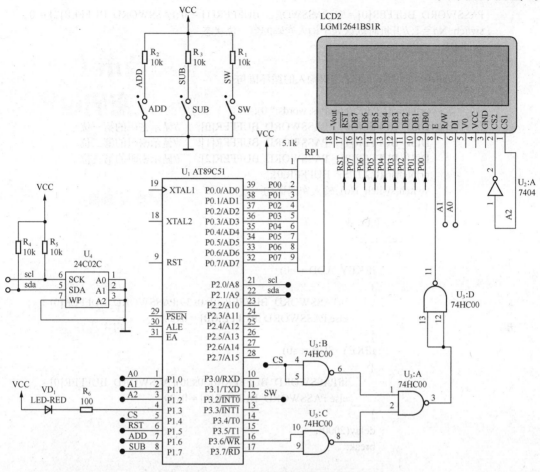

图 2.3.1　开机密码设置硬件连接

```
    switch_No + +;
    if (switch_No = =4)switch_No = 0;
}
void main(void)
{
    bit flag = 0;        //定义密码对错标志，0：密码错；1：密码对
    P0 = 0XFF;
    P1 = 0XFF;
    P2 = 0XFF;
    P3 = 0XFF;
    EA = 1;
    EX0 = 1;
    IT0 = 1;
    lcd_init();          //液晶初始化函数
    lcd_clr();           //液晶清屏函数
    Bus_Initialize();//I2C 总线初始化
    //Write_Data(1,'8');Delay_ms(100);//第一次使用时用来设置密码的语句
    //Write_Data(2,'7');Delay_ms(100);//第一次使用时用来设置密码的语句
    //Write_Data(3,'6');Delay_ms(100);//第一次使用时用来设置密码的语句
```

```
PASSWORD_BUFFER[0] = '0'; PASSWORD_BUFFER[1] = '0';PASSWORD_BUFFER[2] = '0';
switch_No = 1; //开机时默认处于输入密码的第一位状态
while(!flag)
{
      while(switch_No)//用于密码输入的循环语句
      {
            printchars(0,0,"Enter Passwords:",0);
            DISP_BUFFER[0] = PASSWORD_BUFFER[0];      //显示密码的第一位
            DISP_BUFFER[1] = PASSWORD_BUFFER[1];      //显示密码的第二位
            DISP_BUFFER[2] = PASSWORD_BUFFER[2];      //显示密码的第三位
            printchars(0,2,DISP_BUFFER,0);
            switch(switch_No)//输入密码语句
            {
                  case 0:break;
                  case 1:
                  {
                        if(KEY_ADD = =0)
                        {
                              if(PASSWORD_BUFFER[0]<0x39)PASSWORD_BUFFER[0] + +;
                              else PASSWORD_BUFFER[0] = 0x30;
                        }
                        if(KEY_SUB = =0)
                        {
                              if(PASSWORD_BUFFER[0]>0x30)PASSWORD_BUFFER[0]--;
                              else PASSWORD_BUFFER[0] = 0x39;
                        }
                        delay(2000);
                        break;
                  }
                  case 2:
                  {
                        if(KEY_ADD = =0)
                        {
                              if(PASSWORD_BUFFER[1]<0x39)PASSWORD_BUFFER[1] + +;
                              else PASSWORD_BUFFER[1] = 0x30;
                        }
                        if(KEY_SUB = =0)
                        {
                              if(PASSWORD_BUFFER[1]>0x30)PASSWORD_BUFFER[1]--;
                              else PASSWORD_BUFFER[1] = 0x39;
                        }
                        delay(2000);
                        break;
                  }
                  case 3:
                  {
                        if(KEY_ADD = =0)
                        {
                              if(PASSWORD_BUFFER[2]<0x39)PASSWORD_BUFFER[2] + +;
                              else PASSWORD_BUFFER[2] = 0x30;
```

```
                    }
                    if(KEY_SUB = =0)
                    {
                            if(PASSWORD_BUFFER[2]>0x30)PASSWORD_BUFFER[2]--;
                            else PASSWORD_BUFFER[2] = 0x39;
                    }
                    delay(2000);
                    break;
            }
        }
    }
//判断密码是否正确
if((PASSWORD_BUFFER[0] = =Read_Data(1))&&(PASSWORD_BUFFER[1] = =Read_Da
ta(2))&&(PASSWORD_BUFFER[2] = =Read_Data(3)))
        {//密码正确时处理语句
            printchars(0,0,"Right Passwords!",0);delay(10000);
            lcd_clr();
            flag = 1;
        }
        else //密码不正确处理语句
        {
            printchars(0,0,"Wrong Passwords!",0);
            delay(20000);
            PASSWORD_BUFFER[0] = '0';
            PASSWORD_BUFFER[1] = '0';
            PASSWORD_BUFFER[2] = '0';
            flag = 0;
            switch_No = 1;
        }
    }
    printchars(0,0,"led is flashing!",0);
    while(1)
    {
        LED = !LED;
        delay(10000);
    }
}
```

3. I^2C 总线驱动头文件

```
#ifndef __AT24C02_H__
#define __AT24C02_H__
#include<intrins.h>
#define uchar unsigned char
#define uint unsigned int
/*————标志位定义————*/
bit    Written = 0;//向 AT24C02 写标志
/*————位变量定义————*/
sbit SCL = P2^0;
sbit SDA = P2^1;
/*————延时函数————*/
void Delay(void)
```

```
{
    _nop_();
    _nop_();
    _nop_();
    _nop_();
    _nop_();
}
/*————总线初始化————*/
void Bus_Initialize(void)
{
    SDA = 1;
    Delay();
    SCL = 1;
    Delay();
}
/*————启动信号————*/
void Start_Signal(void)
{
    SDA = 1;
    Delay();
    SCL = 1;
    Delay();
    SDA = 0;
    Delay();
}
/*————应答信号————*/
void Response_Signal(void)
{
    uchar i;
    SCL = 1;
    Delay();
    while((SDA = =1)&&(i<250))
    i + +;
    SCL = 0;
    Delay();
}
/*————停止信号————*/
void Stop_Signal(void)
{
    SDA = 0;                //SCL 为高电平，SDA 上升沿有效
    Delay();
    SCL = 1;
    Delay();
    SDA = 1;
    Delay();
}
/*————写一个字节函数————*/
void Write_One_Byte(uchar m)
{
    uchar temp,i;
```

```c
        temp = m;
        for(i = 0;i<8;i + +)
        {
            temp = temp<<1;
            SCL = 0;
            Delay();
            SDA = CY;
            Delay();
            SCL = 1;
            Delay();
        }
        SCL = 0;
        Delay();
        SDA = 1;     //总线释放
        Delay();
}
/*————读一个字节函数————*/
uchar Read_One_Byte()
{
        uchar k,i;
        SCL = 0;
        Delay();
        SDA = 1;
        Delay();
        for(i = 0;i<8;i + +)
        {
            SCL = 1;
            Delay();
            k = (k<<1)|SDA;
            SCL = 0;
            Delay();
        }
        return k;
}
/*————向 AT24C02 的任一地址写入数据函数————*/
void Write_Data(uchar address,uchar Data)
{
        Start_Signal();
        Write_One_Byte(0XA0);      //写地址
        Response_Signal();
        Write_One_Byte(address); //存储器地址
        Response_Signal();
        Write_One_Byte(Data);
        Response_Signal();
        Stop_Signal();
}
/*————向 AT24C02 的任一地址读出数据函数————*/
uchar Read_Data(uchar address)
{
        uchar Data;
        Start_Signal();
```

```
            Write_One_Byte(0XA0);        //写器件地址
            Response_Signal();
            Write_One_Byte(address);    //存储器地址
            Response_Signal();
            Start_Signal();
            Write_One_Byte(0XA1);        //写入器件读地址
            Response_Signal();
            Data = Read_One_Byte();
            Stop_Signal();
            return Data;
        }
        #endif
```

4. 调试

将 AT24C02.h 文件拷贝到主程序所在文件夹，使其为主程序中用于第一次设置密码的语句，编译程序，生成机器码。将机器码导入用 PROTEUS ISIS 7 绘制的图 2.3.1 所示硬件中的单片机，第一次运行，输入密码，观察程序的变化。在接下来的运行中，由于 AT24C02 中已有密码，故设置密码的语句可以注释掉，以后的开机过程将直接调用 AT24C02 中已设的密码来比较；需要重新设置密码时再使用设置密码的语句即可。

五、项目总结

本例只示范了一个简单的 I^2C 总线应用，单片机开机密码设置项目还有大量工作可以做，如在程序中增加重新设置密码功能、增加密码复杂度等。项目的重点在于使用单片机引脚模拟 I^2C 协议时序的方法。分析时序并编写对应的驱动是单片机设计人员的重要工作和必会技能。串行通信协议还有如 SPI、1-wire 等多种，掌握模拟 I^2C 协议时序的方法，对于学习其他协议具有重要的意义。

六、拓展理论学习

1. I^2C 总线协议简介

I^2C 总线是一种在各种芯片、模块之间广泛使用的双向两线通信总线，两条通信线分别是数据线 SDA 和时钟线 SCL。由于这两条线都是开漏极结构，所以在构成通信线路时需要使用上拉电阻。总线有空闲和数据传输两种状态，总线繁忙时不能传输数据。

I^2C 总线系统如图 2.3.2 所示。多个 I^2C 总线设备通过 SDA 和 SCL 连接在一起构成了网络。其中发出数据的设备称为"发送机"，接收数据的称为"接收机"。控制信息传送的设备又称为"主机"，被主机控制的称为"从机"。一个 I^2C 总线系统中可能有多个主机和从机，它们之间通过总线上唯一的 ID 号来进行区别。当有多个主机同时发起数据时，可能会引起总线数据冲突，I^2C 总线通过冲突检测总线仲裁的方法来防止数据被破坏，仲裁使得在多个主机发起数据的情况下，只有一个主机能获得总线控制权。

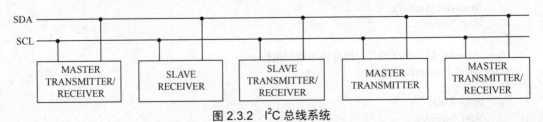

图 2.3.2 I^2C 总线系统

在本项目中，单片机就是一个 MASTER，AT24C02 就是 SLAVE。

2. I²C 协议时序

（1）启动和结束时序

如图 2.3.3 所示，当总线空闲时（SDA = 1，SCL = 1），SDA 产生下降沿启动总线；在时钟线 SCL 为高电平时，SDA 产生一个上升沿表示结束总线。

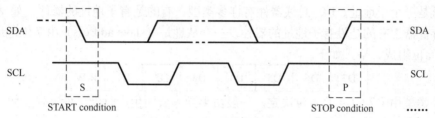

图 2.3.3　启动和结束总线时序

（2）位传送时序

如图 2.3.4 所示，数据位在传送过程中，时钟线 SCL 为高电平时数据稳定，时钟线 SCL 为低电平时数据变化为下一位数据。在使用单片机模拟该时序时，如果单片机为发送机，则应先将要发送的位呈现到 SDA 上，然后将 SCL 拉高，等待数据送出，再将 SCL 拉低后，更新下一位数据；单片机作为接收机时，应在 SCL 为高电平时读取数据位，读完后将 SCL 拉低，等待下一位数据。

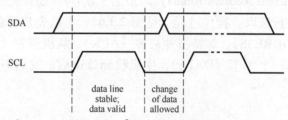

图 2.3.4　I²C 总线位传送时序

（3）应答时序

如图 2.3.5 所示，SDA 为高电平，SCL 上升沿时为不应答（not acknowledge），该信号作为读取结束信号；SDA 为低电平，SCL 上升沿时为应答（acknowledge），在主机连续读取从机数据时，应答信号作为还要继续读的标志。

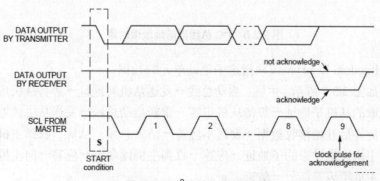

图 2.3.5　I²C 总线应答时序

（4）I^2C 总线中的地址

I^2C 总线中将访问的地址分为器件地址（slave address，亦作"从地址"）和子地址（word address）。器件地址就是器件在总线中的 ID 号，用来与总线上其他 I^2C 器件进行区别，这个地址一般由厂家半制定，用户可以通过器件的引脚连接进行最终确定；子地址是指器件内部的存储单元地址，如器件地址为 A3H 的一个时钟日历芯片，它内部的"小时"寄存器的地址就是一个子地址。I^2C 总线器件有许多类型，有的是有子地址的器件，如 AT24C02 类似的存储器，有的是没有子地址的器件。一个从地址（slave address）由 7 位地址和 1 位 R/W 读/写位组成，格式如下。

D7	D6	D5	D4	D3	D2	D1	R/W

器件类型由 D7～D4 共 4 位决定。一般由半导体公司生产时就已设定好，如 AT24C02 的器件地址高 4 位为"1010"。

用户自定义地址码有 D3～D1 共 3 位。用户自己定义地址位，通常的作法如 EEPROM 这些器件是由外部 IC 的 3 个引脚所组合电平决定的（用常用的名字如 A0,A1,A2），因此，I^2C 总线上最多只能挂 8 片同种类芯片。

最低位 R/W 位是读写操作标志，0 表示对地址为"D7～D1"的芯片写，1 表示对地址为"D7～D1"的芯片读，将最后一位与 D7～D1 组合起来就构成了芯片的读地址和写地址。

（5）读数据时序

当前地址读（Current Address Read）：对最后一次读/写操作完成后器件内部指针自动加一指向的单元进行读取。操作过程（见图 2.3.6）：主机先启动总线，接着发送从机读地址（DEVICE ADDRESS），等待器件应答（ACK）；从机应答（ACK），并由高位到低位向主机逐位传送一个字节（DATA），主机收到数据后，发送不应答（NO ACK），结束总线。

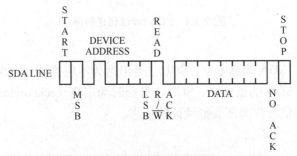

图 2.3.6 I^2C 总线当前地址读时序

随机读（Random Read）：读取指定子地址单元的数据。

操作过程如图 2.3.7 所示。主机：启动总线→发送从机写地址→等待从机应答→获得应答后发送要读取的从机子地址→等待从机应答→重新启动总线→发送从机读地址→等待从机应答→获得应答后开始接收数据→发送不应答→结束总线。从机：收到主机写命令→应答主机→收到主机发送过来的子地址→应答→收到主机读命令→应答→向主机发送一个字节数据→收到主机不应答信号→结束。

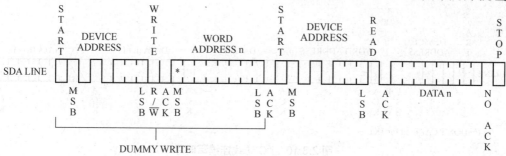

(*=DON'T CARE bit for 1K)

图 2.3.7　I²C 总线随机读时序

连续读（Sequential Read）：从指定的地址处连续批量读取多个字节数据。

操作过程如图 2.3.8 所示，连续读取可以在当前地址读和随机读之后进行，只要将前面两种读操作的最后一个"不应答（NO ACK）"挪至连续读取完后、在读取完每个字节后中间插入一个"应答（ACK）"即可。

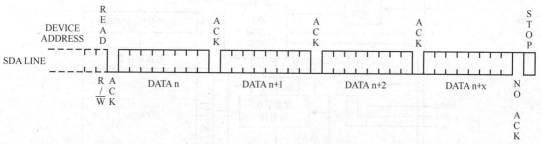

图 2.3.8　I²C 总线连续读时序

（6）写数据时序

写一个字节（Byte Write）：往从机中指定的子地址写入字节数据。

操作过程如图 2.3.9 所示。主机：启动总线→发送从机写地址→等待从机应答→发送从机子地址→等待从机应答→发送字节数据→等待从机应答→结束总线。

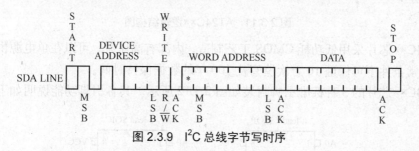

图 2.3.9　I²C 总线字节写时序

连续写（Sequential Write）：往从机指定的子地址处开始批量写入多字节数据。

操作过程（见图 2.3.10）：主机启动总线→发送从机写地址→等待从机应答→发送从机子地址→等待从机应答→发送字节 1 数据→等待从机应答→发送字节 2 数据→等待从机应答→结束总线。

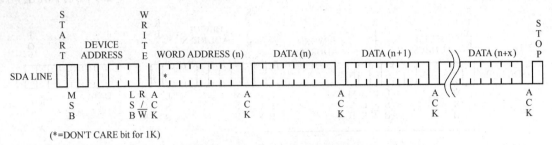

(*=DON'T CARE bit for 1K)

图 2.3.10　I²C 总线连续写时序

3．AT24C02 简介

AT24C××器件是 ATMEL 公司生产的 I²C 总线接口的 E2PROM 芯片，主要应用在通用存储器 IC 卡中，AT24C××芯片主要有 1KB 的 AT24C0l、2KB 的 AT24C02、4KB 的 AT24C04、8KB 的 AT24C08、16KB 的 AT24C16，其逻辑结构如图 2.3.11 所示。

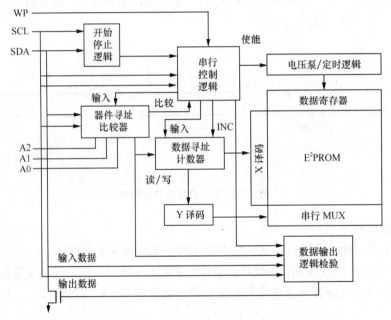

图 2.3.11　AT24C××逻辑结构图

AT24C××芯片采用低功耗 CMOS 工艺制造，内部有高压泵，可以在单电源供电条件下工作。正常条件下可保证 10 万次擦写及 100 年的数据保持时间。

AT24C××芯片的 3 种标准引脚封装如图 2.3.12 所示。其各引脚功能说明如下。

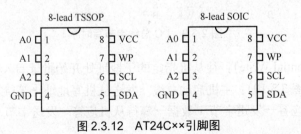

图 2.3.12　AT24C××引脚图

片外地址线（A0~A2）：共 8 种地址编排，即一个单总线系统中可同时接入 8 片 AT24C01/02 芯片。如果单总线系统中只需接入 1 片 AT24C01/02 芯片，可将 A0~A2 同时接地，该 AT24C××芯片的片外地址为 000B。

SCL/SDA：I^2C 总线，SCL 为时钟线，SDA 为数据线。

WP：写保护引脚，WP ='0'时，为普通擦写模式；WP ='1'时，为保护模式。

AT24C04 用 A2 和 A1 作为片外寻址线，单个总线系统可寻址 4 个 4KB 器件，A0 引脚不用；AT24C08 仅用 A2 作为片外寻址线，单总线系统最多可寻址 2 个 8KB 器件，A0 和 A1 引脚不用。由此可见，单总线连接 AT24C××芯片时，最大存储寻址空间为 16KB。

AT24C××存储器的地址如图 2.3.13 所示。

图 2.3.13　AT24C××存储器地址

本项目中，A2 = A1 = A0 = 0，故 AT24C02 的写地址为 A0H，读地址为 A1H。给出的参考程序 AT24C02.h 中，读写操作只使用了字节写（Write_Data）和随机读时序（Read_Data），读者可在此基础上编写连续读写的函数。

七、拓展项目训练

使用单片机引脚模拟 I^2C 协议时序的方法，对 I^2C 时钟芯片 PCF8563 进行操作，并结合液晶显示平台设计一个万年历。

【项目四】 51 单片机串行扩展技术（二）
——64 路开关量采集仪

一、项目设计目的

通过 64 路开关量采集仪的项目设计，掌握串行 I/O 口扩展方法，进一步理解串行扩展技术的便利性和重要性。

二、项目要求

对 64 个 TTL 电平的开关量进行采集，并将采集结果通过液晶显示平台显示出来。

三、项目完成时间

2 学时。

四、项目描述

64 路开关量采集仪是基于一种水位采集传感器的原理设计的子项目。要对 64 个点的开关量进行采集，使用单片机的引脚很明显是不够用的，因此需要进行 I/O 口的扩展。本项目采用并入串出的移位寄存器来设计，单片机只需要用 3 个普通 I/O 口即可。

1. 硬件环境

如图 2.4.1 所示，采用串入并出移位寄存器 74HC165 级联扩展的方法，将单片机的输入脚扩展到 64 个。

2. 参考程序

```c
#include <AT89X51.H>
#include <intrins.H>
#include "lcd12864.h"
#define uchar unsigned char
#define uint unsigned int
#define SCK      P1_6      //HC165 时钟信号
#define SDO      P1_3      //HC165 串行数据输出
#define SH       P1_7      //HC165 锁存信号
uchar idata status[65];
void main(void)
{
    uchar i,j;
    SH = 1;
    lcd_init();
    lcd_clr();
    while(1)
    {
        SH = 0;  // 锁存开关量至 74HC165
```

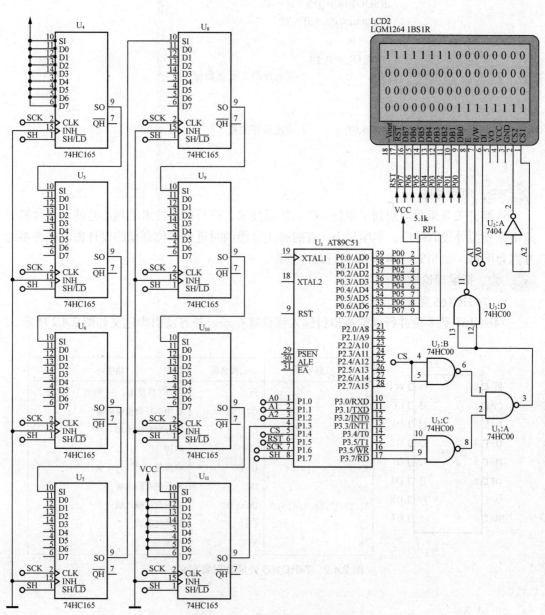

图 2.4.1　64 路开关量采集仪电路

```
SCK = 0; // 时钟准备
SH = 1;  // 放开锁存端，备下次使用
for(i = 200;i>0;i--)          //延时等待数据稳定
    _nop_();
for(j = 0;j<8;j + +)           //收集 8 个寄存器上的数据
{
    for(i = 0;i<8;i + +)       //收集 1 个寄存器上的数据
    {
```

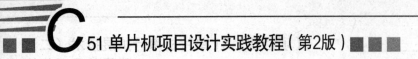

```
        if(SDO)status[j*8 + i] = '1';
        else status[j*8 + i] = '0';
        SCK = 0;
        _nop_();_nop_();
        SCK = 1;                    //上升沿，更新数据
        }
    }
    printchars(0,0,status,0);        //显示开关量
    }
}
```

五、项目总结

　　64 路开关量采集应用到了串行 I/O 口扩展技术，串行扩展技术的核心是使用单片机普通 I/O 模拟外设的时序。本项目中，在时钟上升沿同时进行移位存储的设计语法在许多地方都会用到，如 SPI，1-wire 等串行时序场合。

六、拓展理论学习

1. 74 HC165 简介

　　74HC165 是 8 位并行读取或串行输入移位寄存器，外形及引脚定义如图 2.4.2 所示。

<table>
<tr><td colspan="2" rowspan="2"></td><td>引脚号</td><td>引脚名称</td><td>功能</td></tr>
<tr></tr>
<tr><td>PL</td><td>1</td><td>16</td><td>VCC</td><td></td></tr>
</table>

引脚号	引脚名称	功能
1	$\overline{PL}$	锁存 / 移位端，0：锁存 1：移位
7	$\overline{Q7}$	反相串行数据输出端
9	Q7	串行数据输出端
2	CP	时钟
8	GND	电源地
10	D5	串行数据输入端
11,12,13,14,3,4,5,6	D0 to D7	并行数据输入端
15	$\overline{CE}$	时钟使能端
16	VCC	电源

引脚排列（左）：
$\overline{PL}$ 1 — 16 VCC
CP 2 — 15 $\overline{CE}$
D4 3 — 14 D3
D5 4 — 13 D2
D6 5 165 — 12 D1
D7 6 — 11 D0
$\overline{Q7}$ 7 — 10 D5
GND 8 — 9 Q7

图 2.4.2　74HC165 外形及引脚定义

2. 时序

　　如图 2.4.3 所示，可在末级得到互斥的串行输出（Q7 和 $\overline{Q7}$），当锁存/移位端（$\overline{PL}$）输入为低时，从 D0 到 D7 口输入的并行数据将被异步地读取进寄存器内。而当 $\overline{PL}$ 为高时，数据将从 DS 输入端串行进入寄存器，在每个时钟脉冲的上升沿向右移动一位（Q0→Q1→Q2，等等）。利用这种特性，只要把 Q7 输出绑定到下一级的 DS 输入，即可实现并转串扩展。74HC165 的时钟输入是一个"门控或"结构，允许其中一个输入端作为低有效时钟使能（$\overline{CE}$）输入。$\overline{CP}$ 和 $\overline{CE}$ 的引脚分配是独立的并且在必要时，为了布线的方便可以互换。只有在 $\overline{CP}$ 为高时，才允许 $\overline{CE}$ 由低转高。在 $\overline{PL}$ 上升沿来临之前，不论是 $\overline{CP}$ 还是 $\overline{CE}$，都应当置高，以防止数据在 $\overline{PL}$ 的活动状态发生位移。

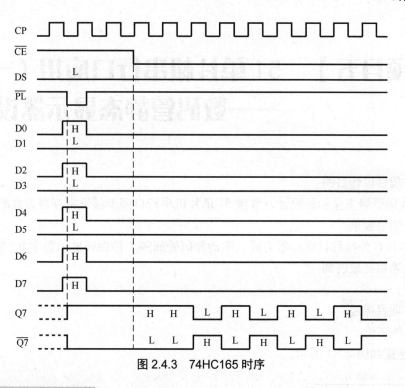

图 2.4.3　74HC165 时序

七、拓展项目训练

使用串入并出移位寄存器 74HC595 设计一个点阵 16×16 大小的 LED 点阵屏，编写驱动程序，流动显示多个汉字或 ASCII 字符。

【总结练习】

1. I^2C 接口总线有_____和_____两条。I^2C 启动和停止时序分别是_____和_____。（文字表达或画图均可）

2. 列举几种常用的 I^2C 接口总线器件，分析其器件地址和子地址。

3. 描述 AT24C02 的连续读和连续写的时序。

4. 写出单片机使用普通 I/O 口模拟 74LS164、74LS165 接口时序的驱动程序。

【项目五】 51 单片机串行口应用（一）
——数码管静态显示器设计

一、项目设计目的

通过数码管静态显示器设计，掌握 51 单片机串行口同步移位寄存器方式的应用方法。

二、项目要求

通过串行口外接移位寄存器方式，驱动数码管间隔 1 秒循环显示数字 0～9。

三、项目完成时间

2 学时。

四、项目描述

1. 硬件环境

硬件连接如图 2.5.1 所示。

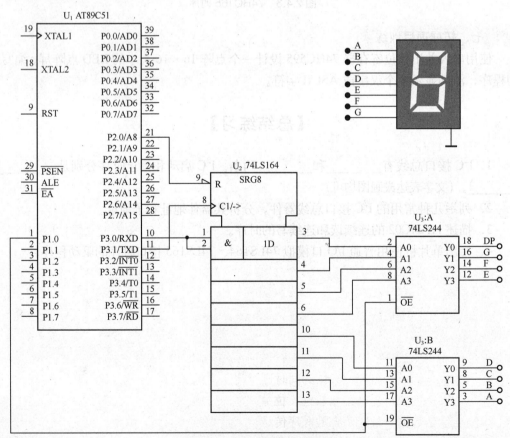

图 2.5.1　数码管静态显示器设计

2. 参考程序

```
#include <AT89X51.H>
#define uchar unsigned char
#define uint unsigned int
sbit RESET = P2^0; //清除显示数据
sbit OE = P1^0;      //显示数据输出使能端
/*数字 0~9 的 LED 共阴显示码*/
uchar code buff[] = {0x3f,0x06,0x5b,0x4f,0x66,0x6d,0x7d,0x07,0x7f,0x6f};
void delay_1s(void)
{
     uint i;
     for(i = 50000;i>0;i--);
}
void main(void)
{
     uchar i;
     RESET = 1;
     OE = 1;          //禁止显示数据输出至数码管
     SCON = 0X00; //设置串行口工作方式
     while(1)
     {
          for(i = 0;i<10;i + +)
          {
               SBUF = buff[i];    //显示数据通过串行口输出
               while(!TI);TI = 0;    //等待串行口发送完成
               OE = 0;              //允许显示数据输出至数码管
               delay_1s();
               OE = 1;
          }
     }
}
```

五、项目总结

本项目应用串行口的方式 0 结合串入并出移位寄存器 74LS164，扩展了一个 8 位的并行输出口，并通过数码管显示了输出的数字。这种方式通常用在数码管的静态显示场合。串行口方式 0 一般不用于通信，在使用时，不需要设置通信速率，只将待输出的数据送入 SBUF 寄存器即可。

六、拓展理论学习

1. 并行通信与串行通信

实际应用中，不但计算机与外部设备之间常常要进行信息交换，而且计算机之间也需要交换信息，所有这些信息的交换均称为"通信"。

通信的基本方式分为并行通信和串行通信两种，如图 2.5.2 所示。

并行通信是构成 1 组各位数据的同时进行传送。例如，8 位数据或 16 位数据并行传送。其特点是传输速度快，但当距离较远、位数又多时导致了通信线路复杂且成本高。

串行通信是数据一位接一位地顺序传送。其特点是通信线路简单，只要一对传输线就可以实现通信（如电话线），从而大大地降低了成本，特别适用于远距离通信。缺点是传送

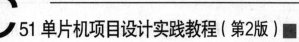

速度慢。

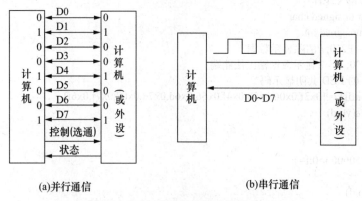

(a)并行通信   (b)串行通信

图 2.5.2   并行通信与串行通信

2．异步通信和同步通信

串行通信又分为两种基本通信方式，即异步通信和同步通信。

（1）异步通信

在异步通信中，被传送的信息通常是一个字符代码或一字节数据，它们都以规定的相同传送格式（字符帧格式）一帧一帧地发送或接收。

字符帧格式由4部分组成：起始位、数据位、奇偶校验位和停止位，如图2.5.3所示。

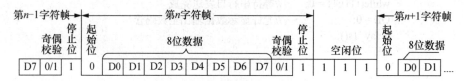

图 2.5.3   串行通信字符帧格式

起始位： 在没有数据传送时，通信线上处于逻辑1状态。

数据位： 在起始位之后，发送端发出（接收端接收）的是数据位，数据的位数没有严格限制，如5位、6位、7位或8位等。由低位到高位逐位传送。

奇偶校验位： 数据位发送完（接收完）之后，可发送奇偶校验位，它只占帧格式的一位，用于传送数据的有限差错检测表示数据的一种性质，是发送和接收双方预先约定好的一种检验（检错）方式。

停止位： 字符帧格式的最后部分为停止位，逻辑1电平有效，位数可以是1位、1/2位或2位。表示一个字符帧信息的结束，也为发送下一个字符帧信息做好准备。

在串行异步传送中，通信双方必须事先约定以下内容，才能保证正常通信。

① 字符格式。双方要事先约定字符的编码形式、奇偶校验形式及起始位和停止位。例如用 ASCII 码通信，有效数据为7位，加1个奇偶校验位、1个起始位和1个停止位共10位。

② 波特率（Baudrate）。波特率就是数据的传送速率，即每秒传送的二进制位数，单位为位/秒（bit/s）。它与字符的传送速率（字符/秒）之间存在如下关系：

$$波特率 = 位/字符 × 字符/秒 = 位/秒$$

通信过程中，要求发送端与接收端的波特率必须一致。例如，假设字符传送的速率为 960 字符/秒，而每 1 个字符为 10 位，那么传送的波特率为 10 位/字符 × 960 字符/秒 = 9 600 位/秒（bit/s）。

（2）同步通信

在异步传送中，每 1 个字符都要用起始位和停止位作为字符开始和结束的标志，占用了一定的时间。为了提高传送速度，有时就去掉这些标志，而采用同步传送，即 1 次传送 1 组数据。在这 1 组数据的开始处要用同步字符 SYN 来加以指示，如图 2.5.4 所示。

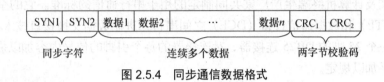

图 2.5.4　同步通信数据格式

3. 串行通信的制式

（1）单工（Half duplex）制式

在单工方式下，通信双方一方只能发送数据，另一方只能接收数据。如图 2.5.5 所示。通信线的 A 端只有发送器，B 端只有接收器，信息数据只能单方向传送，即只能由 A 端传送到 B 端而不能反向传送。

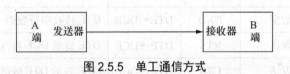

图 2.5.5　单工通信方式

（2）半双工（Half duplex）制式

半双工方式中，通信线路两端的设备都有一个发送器和一个接收器，即收发一体。如图 2.5.6 所示。数据可双方向传送但不能同时传送，即 A 端发送 B 端接收或 B 端发送 A 端接收，A、B 两端的发送/接收只能通过半双工通信协议切换交替工作。

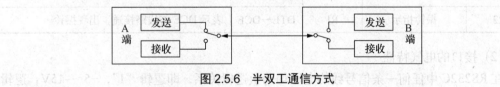

图 2.5.6　半双工通信方式

（3）全双工（Full duplex）制式

全双工通信方式简称双工通信方式。在全双工方式下，通信线路 A、B 两端都有发送器和接收器，A、B 之间有两个独立通信的回路，两端数据可以同时发送和接收。因此通信效率比前两种要高。该方式下所需的传输线至少要有三条，一条用于发送，一条用于接收，一条用于公用信号地，如图 2.5.7 所示。

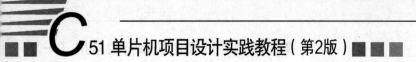

51 单片机项目设计实践教程（第2版）

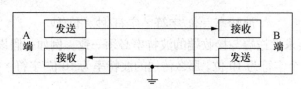

图 2.5.7　全双工通信方式

4. RS232C 总线接口简介

RS232C 总线是目前广泛使用的串行通信接口。如 PC 上的 COM1、COM2 接口，就是 RS232C 接口。RS232C 总线标准是 1970 年由美国电子工业协会（EIA）联合贝尔系统、调制解调器厂家及计算机终端生产厂家共同制定的用于串行通信的标准。它的全名是"数据终端设备（DTE）和数据通信设备（DCE）之间串行二进制数据交换接口技术标准"。该标准规定采用一个 25 脚的 DB25 连接器，对连接器的每个引脚的信号内容加以规定，还对各种信号的电平加以规定。

（1）接口的信号内容

实际上 RS232C 的 25 条引线中有许多是很少使用的，在计算机与终端通信中一般只使用 9 条引线。RS232C 最常用的 9 条引线的信号内容如表 2.5.1 所示。

表 2.5.1　　　　　　　　　　　　RS232C 接口引脚说明

引脚序号	信号名称	符号	流向	功能
2	发送数据	TXD	DTE→DCE	DTE 发送串行数据
3	接收数据	RXD	DTE←DCE	DTE 接收串行数据
4	请求发送	RTS	DTE→DCE	DTE 请求 DCE 将线路切换到发送方式
5	允许发送	CTS	DTE←DCE	DCE 告诉 DTE 线路已接通可以发送数据
6	数据设备准备好	DSR	DTE←DCE	DCE 准备好
7	信号地	SG	DTE↔DCE	
8	载波检测	DCD (CD)	DTE←DCE	表示 DCE 接收到远程载波
20	数据终端准备好	DTR	DTE→DCE	DTE 准备好
22	振铃指示	RI	DTE←DCE	表示 DCE 与线路接通，出现振铃

（2）接口的电气特性

在 RS232C 中任何一条信号线的电压均为负逻辑关系，即逻辑"1"，−5～-15V；逻辑"0"，+5～＋15V。噪声容限为 2V，即要求接收器能识别低至＋3V 的信号作为逻辑"0"，高到-3V 的信号作为逻辑"1"。

（3）接口的物理结构

RS232C 接口连接器一般使用型号为 DB.25 的 25 芯插头座。通常插头在 DCE 端，插座在 DTE 端。一些设备与 PC 连接的 RS232C 接口，因为不使用对方的传送控制信号，只需 3 条接口线，即"发送数据"、"接收数据"和"信号地"。所以采用 DB.9 的 9 芯插头座，传输线采用屏蔽双绞线。两种插头具体引脚排列如图 2.5.8 所示。

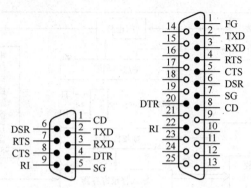

图 2.5.8　DB9 和 DB25 插头引脚分布

（4）单片机与计算机的串行通信

单片机与计算机的串行通信通常采用 RS232C 接口协议。由于单片机与计算机串行口的电平特性不同，因此在硬件上应设计电平转换电路。典型应用如图 2.5.9 所示。

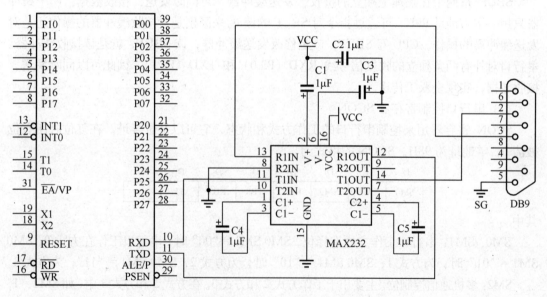

图 2.5.9　单片机与计算机串口通信

图中，计算机与单片机的通信只使用了 3 条线，即数据线 TXD、RXD 和公共地 SG。MAX232 为电平转换芯片。

5．MCS-51 单片机的串行接口

MCS-51 单片机内部有一个功能很强的全双工串行口，可同时发送和接收数据。它有 4 种工作方式，可在不同场合使用。波特率由软件设置，通过片内的定时/计数器产生。接收、发送均可工作在查询方式或中断方式，使用十分灵活。MCS-51 的串行口除了用于数据通信外，还可以非常方便地构成 1 个或多个并行输入/输出口，或作串/并转换，用来驱动键盘

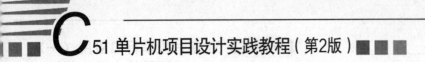

与显示器。其内部结构如图 2.5.10 所示。

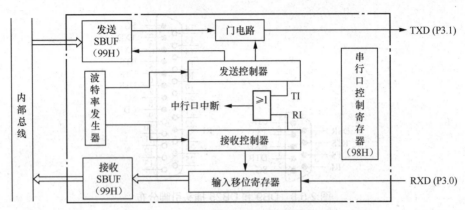

图 2.5.10　51 单片机串行口内部结构框图

6. 串行接口的特殊功能寄存器

（1）串行口数据缓冲器 SBUF

SBUF 是两个在物理上独立的接收、发送缓冲器，可同时发送、接收数据。两个缓冲器只用一字节地址 99H，可通过指令对 SBUF 的读/写来区别是对接收缓冲器的操作还是对发送缓冲器的操作。CPU 写 SBUF，就是修改发送缓冲器；读 SBUF，就是读接收缓冲器。串行口对外有两条独立的收发信号线 RXD（P3.0）和 TXD（P3.1），因此可以同时发送、接收数据，实现全双工传送。

（2）串行口控制寄存器 SCON

SCON 寄存器用来控制串行口的工作方式和状态，它可以是位寻址。在复位时所有位被清 0，字地址为 98H。SCON 的格式为

D_7	D_6	D_5	D_4	D_3	D_2	D_1	D_0
SM0	SM1	SM2	REN	TB8	RB8	TI	RI

其中

SM0、SM1：串行口工作方式选择位，SM0 SM1 = "00" 时，串行口工作在方式 0；SM0 SM1 = "01" 时，为方式 1；SM0 SM1 = "10" 时，为方式 2；SM0 SM1 = "11"，为方式 3。

SM2：多机通信控制位，主要用于工作方式 2 和方式 3。在方式 2 和方式 3 中，如 SM2 = 1，则接收到的第 9 位数据（RB8）为 0 时不启动接收中断标志 RI（即 RI = 0），并且将接收到的前 8 位数据丢弃；RB8 为 1 时，才将接收到的前 8 位数据送入 SBUF，并置位 RI 产生中断请求。当 SM2 = 0 时，则不论第 9 位数据为 0 或 1，都将前 8 位数据装入 SBUF 中，并产生中断请求。在方式 0 时，SM2 必须为 0。

REN：允许串行接收控制位。若 REN = 0，则禁止接收；若 REN = 1，则允许接收。该位由软件置位或复位。

TB8：发送数据位 8。在方式 2 和方式 3 时，TB8 为所要发送的第 9 位数据。在多机通信中，以 TB8 位的状态表示主机发送的是地址还是数据：TB8 = 0 为数据，TB8 = 1 为地址；也可用做数据的奇偶校验位。该位由软件置位或复位。

RB8：接收数据位 8。

TI：发送中断标志位。该标志位需由软件清零。

RI：接收中断标志位。方式 0 中，在接收完第 8 位数据时由硬件置位。该标志位也需由软件清零。

（3）特殊功能寄存器 PCON

PCON 为电源控制寄存器，单元地址为 87H，不能位寻址。其内容为

D_7	D_6	D_5	D_4	D_3	D_2	D_1	D_0
SMOD				GF1	GF0	PD	IDL

其中，最高位 SMOD 为串行口波特率选择位。当 SMOD = 1 时，串行口工作在方式 1、2、3 时的波特率加倍。

7. 串行通信的工作方式

串行口有 4 种工作方式，它是由 SCON 中的 SM0、SM1 来定义的，如表 2.5.2 所示。

表 2.5.2　　　　　　　　　　　串行口的 4 种工作方式

SM0	SM1	工作方式	功能	波特率
0	0	0	同步移位寄存器	晶振频率（f_{osc}）/12
0	1	1	10 位异步收发功能	与 T1 溢出率有关
1	0	2	11 位异步收发功能	f_{osc}/64 或 f_{osc}/32
1	1	3	11 位异步收发功能	与 T1 溢出率有关

工作方式 0：在方式 0 下，串行口是作为同步移位寄存器使用的。其波特率固定为单片机振荡频率（f_{osc}）的 1/12，串行传送数据 8 位为一帧（没有起始、停止、奇偶校验位）。由 RXD（P3.0）端输出或输入，低位在前，高位在后。TXD（P3.1）端输出同步移位脉冲，可以作为外部扩展的移位寄存器的移位时钟，因而串行口方式 0 常用于扩展外部并行 I/O 口。串行发送时，外部可扩展一片（或几片）串入并出的移位寄存器，用来扩展一个并行口。典型应用如图 2.5.11 所示。

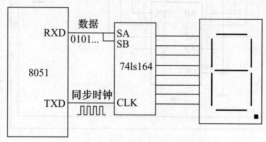

图 2.5.11　串行口方式 0 应用 1

其他工作方式将在项目六中介绍。

七、拓展项目训练

使用 51 单片机串行口方式 0，设计一个两位数码管显示的计数器，能够对外部 100 个以内的脉冲进行计数并显示。

【项目六】 51单片机串行口应用（二）
——双机通信

一、项目设计目的

通过双机通信的项目设计，掌握串行口通信方法，学会设置串行口，并编写数据发送和接收程序。

二、项目要求

设计一个双机通信系统，一个作为主机，负责循环地发送数字0～9的显示码；一个作为从机，外接数码管，能够将接收的数据显示出来。

三、项目完成时间

2学时。

四、项目描述

1. 硬件环境

硬件连接如图2.6.1所示。

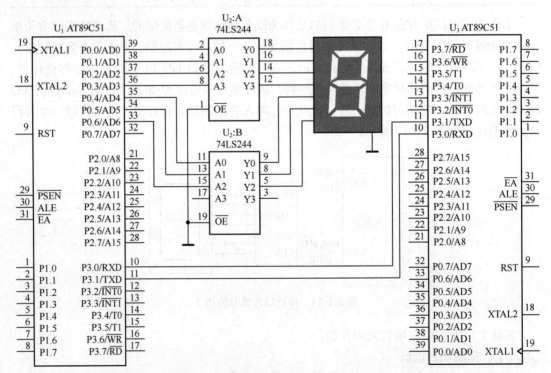

图2.6.1 单片机通过串行口双机通信

2. 参考程序

程序设计部分包括主机发送和从机接收两部分。在程序设计中，应注意两机保持一致的波特率。在这里，我们约定了两机的波特率为 9 600bit/s（晶振频率 11.059 2MHz）。这样，定时/计数器初值的具体计算方法为

$$初值 = 2^n - \left(\frac{2^0}{32} \times \frac{11.059\ 2 \times 10^6}{12 \times 波特率} \right)$$

由于定时/计数器作为波特率发生器时，一般工作于方式 2，故将 $n = 8$ 带入即可计算出初值为 253，即 FDH。

发送机程序：

```c
#include<AT89X51.H>
#define uchar unsigned char
#define uint unsigned int
uchar code buff[] = {0x3f,0x06,0x5b,0x4f,0x66,0x6d,0x7d,0x07,0x7f,0x6f};
void delay_1s(void)
{
     uint i;
     for(i = 50000;i>0;i--);
}

void main(void)
{
     uchar i;
     TMOD = 0X20;
     TH1 = 0XFD;TL1 = 0XFD;
     SCON = 0X40;
     TR1 = 1;
     while(1)
     {
          for(i = 0;i<10;i + +)
          {
               SBUF = buff[i];
               while(!TI);
               TI = 0;
               delay_1s();
          }
     }
}
```

接收机程序：

```c
#include <AT89X51.H>
#define uchar unsigned char
#define uint unsigned int
void serial()interrupt 4 using 1
{
     RI = 0;
     P0 = SBUF;
}
void main(void)
```

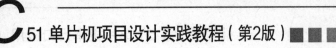

```
{
    TMOD = 0X20;
    TH1 = 0XFD;TL1 = 0XFD;
    SCON = 0X50;
    TR1 = 1;
    EA = 1;ES = 1;RI = 0;
    while(1);
}
```

五、项目总结

本项目是一个典型的串行口通信案例，其他的诸如单片机与上位机通信时，单片机程序编写都可以采用相同的方式，即先设置串行口工作方式，再设置串行口波特率（方式 1、3要计算定时/计数器 1 初值），还要看是否使用串行口中断（本例中就使用了串行口中断）来决定是否打开串口中断，最后通过 SBUF 进行数据的读取和发送。

六、拓展理论学习

【串行通信的工作方式（续）】

（1）工作方式 1

在方式 1 下，串行口工作在 10 位异步通信方式，发送或接收一帧信息中，除 8 位数据移位外，还包含一个起始位（0）和一个停止位（1），其波特率是可变的。

工作方式 1 的波特率由定时/计数器 1 的计数溢出率决定。相应的计算公式为

$$波特率 = \frac{2^{SMOD}}{32} \times （定时/计数器/溢出率）$$

其中，SMOD 是波特率选择位，当 SMOD = 0 时，波特率 $= \frac{1}{32}$（$T1$ 溢出率），当 SMOD = 1时，波特率 $= \frac{1}{16}$（$T1$ 溢出率）。

所谓定时/计数器的溢出率，就是定时/计数器一秒钟计满溢出的次数。若将定时/计数器当做一个可编程的分频器来理解，则溢出率就等于定时/计数器对系统时钟分频后的信号的频率。具体计算公式为

$$T1溢出率 = \frac{f_{osc}}{12} \div (2^n - 预置初值)$$

其中，n 为定时/计数器的计时宽度，如 T1 在方式 0 时，$n = 13$；在方式 2 时，$n = 8$。"2^n–预置初值"即可看做定时/计数器的分频系数。

（2）工作方式 2

在方式 2 下，串行口工作在 11 位异步通信方式。一帧信息包含一个起始位 0、8 个数据位、一个可编程第九数据位和一个停止位 1。其中可编程位是 SCON 中的 TB8 位，在 8个数据位之后，可用做奇偶校验位或地址/数据帧的标志位，由使用者确定。方式 2 的波特率是固定的，参见表 2.5.2。

（3）工作方式 3

在方式 3 下，串行口同样工作在 11 位异步通信方式，其通信过程与方式 2 完全相同，所不同的是波特率。方式 3 的波特率由定时/计数器 1 的计数溢出率决定，确定方法与工作

方式 1 中的完全一样。

七、拓展项目演示

项目名称：单片机与 PC 机串口通信

1. 项目要求

单片机通过串行口上传字符串给 PC 机，PC 机通过串口调试助手接收显示收到的字符串。

2. 项目描述

（1）硬件环境

参考图 2.5.9，连接好单片机串行口电平转换转换电路，使用串行口延长线将图中 DB9 与计算机 COM1 相连。

也可采用图 2.6.2 所示的 PROTEUS 仿真图，进行仿真观察。其中，使用了 2 个 VIRTUAL TERMINAL 来观察单片机发送的数据和从 PC 机接收到的数据；使用了 COMPIM 作为计算机的虚拟串行口（注意，需要使用虚拟串口软件给没有串行口的计算机虚拟出一对串行口，如可使用 Configure Virtual Serial Port Driver 软件虚拟出 COM3\COM4），其中 COMPIM 的设置如图 2.6.3 所示，Physical port 设置为 COM4，波特率设置为 9600，数据位 8 位，这时，COMPIM 即映射到虚拟串口对 COM3\COM4，单片机发送数据给 COMPIM 时，PC 机通过 COM3 接收；PC 机通过 COM3 发送数据给 COMPIM 时，通过 COM4 接收。

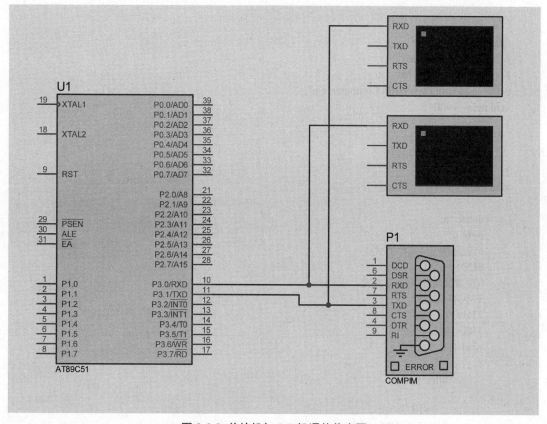

图 2.6.2 单片机与 PC 机通信仿真图

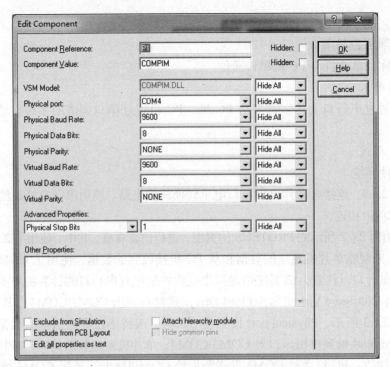

图 2.6.3　COMPIM 仿真参数设置

（2）参考程序

```
#include<at89x51.h>
#define uchar unsigned char
#define uint   unsigned   int
uchar code buff[18]="Hello Computer!\r\n";
void delay(void)
{
    uint i;
    for(i=0;i<50000;i++);
}
void main(void)
{
    uchar *p;
    p=buff;
    //设置串行口工作方式
    SCON=0X40;
    //设置波特率发生器方式
    TMOD=0X20;
    TH1=TL1=253;
    TR1=1;
    while(1)
    {
        while(*p!=0)
        {
            SBUF=*p;
            while(!TI);
```

```
                TI=0;
                p++;
            }
            p=buff;
            delay();
        }
}
```

（3）运行结果

PC 接收情况如图 2.6.4 所示。

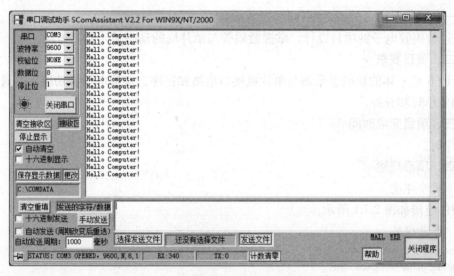

图 2.6.4　PC 通过串口调试助手接收字符串

八、拓展项目训练

结合前述内容，使用单片机的串行口方式 1，设计程序与 PC 串口通信，并通过串口调试助手软件进行上下位机的交互，实现 PC 通过串行口发送命令控制单片机执行相关动作的功能。

【总结练习】

1. 单片机系统晶振频率为 11.059 2MHz，若要求设置串行口波特率为 9 600bit/s，则定时器 1 的初值应设置为_____。

2. 要打开 51 单片机的串行口中断，应设置 IE 寄存器中的_____和_____为"1"；在使用 C51 编程语言进行编程时，串行口的中断号是_____。

3. 单片机互相之间、单片机与 PC 之间进行通信时，有哪些需要注意的问题？

4. MCS-51 单片机的串行口有几种工作方式？有几种帧格式？各工作方式的波特率如何确定？

5. 单片机与 PC 之间进行通信时为什么要进行电平转换？

6. MCS-51 单片机 SCON 中的 SM2、TB8、RB8 有何作用？简述单片机多机通信的原理。

【项目七】 51单片机人机交互接口技术（一）
——数码管电子钟

一、项目设计目的

通过数码管电子钟项目设计，掌握数码管与单片机的动态显示接口方法。

二、项目要求

设计6位一体的数码显示器与单片机接口电路和程序，实现电子钟功能，并通过独立按键调整小时和分钟。

三、项目完成时间

2学时。

四、项目描述

1. 硬件环境

硬件连接如图2.7.1所示。

2. 参考程序

```c
#include <AT89X51.h>
#define uchar unsigned char
#define uint unsigned int
#define SEG P0
#define BIT P2
sbit KEY1 = P1^0; //  暂停/启动按键
sbit KEY2 = P1^1; //  清0键
/////////////////////////////////
uchar COUNT,HOUR,MIN,SEC;
bit flag0;
uchar DISP_BUFFER[6] = 0;
/*定时器中断函数，产生时标信号*/
void timer0(void)interrupt 1 using 1
{
        TH0 = 0x3C;
        TL0 = 0xB0; //50ms 定时初值
        COUNT + +;
        if(COUNT = =20)
        {
                COUNT = 0;
                flag0 = 1;
        }
}
void hour_adjust(void)interrupt 0 using 1
{
```

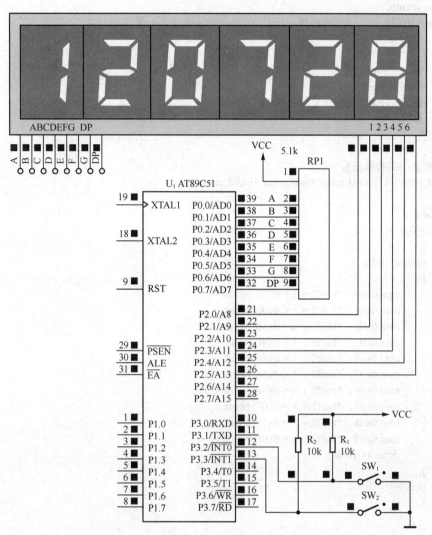

图 2.7.1　数码管电子钟

```
        HOUR + +;if(HOUR = =24)HOUR = 0;
}
void min_adjust(void)interrupt 2 using 1
{
        MIN + +;if(MIN = =60)MIN = 0;
}
/*延时函数*/
void delay_1ms()
{
    uint i;
    for(i = 0; i<200; i + +);
}
/*显示函数，显示计时值*/
void display( const uchar *buff)
{
```

```
uchar i,temp;
temp = 0x01;          //位码初值
for(i = 0; i<6; i + +)
    {
    BIT =  ~ temp;
    SEG = *buff + +;
    delay_1ms();
    temp<< = 1;
    }
}
/*七段共阴码转换函数*/
void CONVERT(const uchar *buff,uchar *buff2,uchar k)
{
 uchar i;
 for(i = 0; i<k; i + +)
    {
    switch(*buff)
    {
        case 0x00： *buff2 + + = 0x3f; break;
        case 0x01： *buff2 + + = 0x06; break;
        case 0x02： *buff2 + + = 0x5b; break;
        case 0x03： *buff2 + + = 0x4f; break;
        case 0x04： *buff2 + + = 0x66; break;
        case 0x05： *buff2 + + = 0x6d; break;
        case 0x06： *buff2 + + = 0x7d; break;
        case 0x07： *buff2 + + = 0x07; break;
        case 0x08： *buff2 + + = 0x7f; break;
        case 0x09： *buff2 + + = 0x6f; break;
        default： break;
    }
    buff + +;
    }
}

/*单片机初始化函数*/
void MCU_INIT()
{
    P0 = 0XFF;
    P1 = 0XFF;
    P2 = 0XFF;
    P3 = 0XFF;
    TMOD = 0x01; //T0 定时方式 1
    TH0 = 0x3C;
    TL0 = 0xB0;
    EA = 1;
    ET0 = 1;
    EX0 = 1;EX1 = 1;IT0 = 1;IT1 = 1;
    TR0 = 1;
}
void main(void)
```

```
{
uchar DISP_BUFFER2[6];
MCU_INIT();
while(1)
{
    if(flag0)
    {
        flag0 = 0;
        SEC ++;
        if(SEC = =60)
        {
            SEC = 0;MIN ++;
            if(MIN = =60)
            {
                HOUR ++;
                if(HOUR = =24)HOUR = 0;
            }
        }
        DISP_BUFFER[0] = HOUR/10;        //显示小时数值十位个位分离
        DISP_BUFFER[1] = HOUR%10;        //显示小时数值十位个位分离
        DISP_BUFFER[2] = MIN/10;         //显示分钟数值十位个位分离
        DISP_BUFFER[3] = MIN%10;         //显示分钟数值十位个位分离
        DISP_BUFFER[4] = SEC/10;         //显示秒钟数值十位个位分离
        DISP_BUFFER[5] = SEC%10;         //显示秒钟数值十位个位分离
        CONVERT(DISP_BUFFER,DISP_BUFFER2,6); //将要显示的数字转换成显示码
    }
    display(DISP_BUFFER2);
}
}
```

五、项目总结

本项目给出了以数码管为例的显示程序的典型设计方法。其中值得强调的是，在单片机应用系统中有显示任务时，一般应开辟一个显示缓冲区，将显示与变量操作分开（如项目中显示时只针对数组 DISP_BUFFER2，而与变量 HOUR、MIN、SEC 无直接关系），提高效率；项目中还采用了一个显示码转换函数 CONVERT（），用来演示显示缓冲区的操作思想，功能为将十进制时间值转换成数码管的共阴显示码。实际上在项目五中已经介绍了更简单的方法，即使用常量数组构成显示码表，用显示变量作为下标的查表的方式即可快速找到显示码。

六、拓展理论学习

1. LED 数码显示器的结构

LED 数码显示器是一种由 LED 发光二极管组合显示字符的显示器件。它使用了 8 个 LED 发光二极管，其中 7 个用于显示字符，1 个用于显示小数点，故通常称之为 7 段发光二极管数码显示器（也称为 7 段数码管）。其内部结构如图 2.7.2 所示。

LED 数码显示器有两种连接方法。

① 共阳极接法。把发光二极管的阳极连在一起构成公共阳极，使用时公共阳极接 +5V，每个发光二极管的阴极通过电阻与输入端相连。

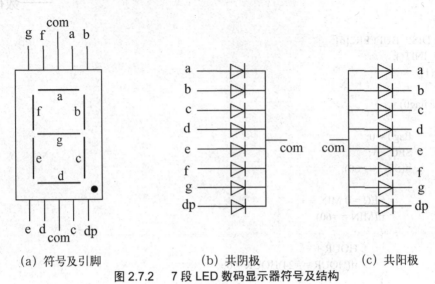

(a) 符号及引脚　　　　　　(b) 共阴极　　　　　　(c) 共阳极

图 2.7.2　7 段 LED 数码显示器符号及结构

② 共阴极接法。把发光二极管的阴极连在一起构成公共阴极，使用时公共阴极接地。每个发光二极管的阳极通过电阻与输入端相连。

2. LED 数码显示器的显示段码

为了显示字符，要为 LED 显示器提供显示段码（或称字形代码），组成一个 8 字形字符的 7 段，再加上 1 个小数点位，共计 8 段，因此提供给 LED 显示器的显示段码为 1 个字节。各段码位的对应关系如下。

段码位	D7	D6	D5	D4	D3	D2	D1	D0
显示段	dp	g	f	e	d	c	b	a

7 段数码显示器显示字型与对应显示段码如表 2.7.1 所示。

表 2.7.1　　　　　　数码管显示字型与对应显示段码

字型	共阳码	共阴码	字型	共阳码	共阴码
0	C0H	3FH	9	90H	6FH
1	F9H	06H	A	88H	77H
2	A4H	5BH	B	83H	7CH
3	B0H	4FH	C	C6H	39H
4	99H	66H	D	A1H	5EH
5	92H	6DH	E	86H	79H
6	82H	7DH	F	84H	71H
7	F8H	07H	灭显	FFH	00H
8	80H	7FH	P	8CH	73H

3. LED 数码显示器的硬件设计

7 段数码管与单片机的接口方法可分为以硬件为主和以软件为主。其中以硬件为主的

126

接口方法是在数码管前加上 7 段码译码器（如 74LS48），这种接法的优点是程序设计相对简单，缺点是当数码管数量较多时，成本太高。因此，在单片机系统中，很少采用这种方法；以软件为主的接口方法是直接将数码管的段码接在单片机引脚或接口芯片的驱动输出端，以软件译码的方式代替硬件译码器。这种接口方式在单片机系统中获得了广泛的应用。根据数码管与单片机的连接方式的不同，又分静态接法和动态接法两种。

（1）静态接法

静态接法如图 2.7.3 所示。这种接法的优点是亮度高，程序设计较简单。缺点是在数码管要求较多的场合，需要的驱动器较多，占用 I/O 口线资源多。因此，经常用于只需要少数几个数码管的场合。

（2）动态接法

为了克服静态显示方式的缺点，节省 I/O 口线，单片机系统中常常使用动态显示方式。它将所有数码管的 a、b、c、d、e、f、g、dp 引线并联在一起，由一个 8 位 I/O 口控制，而公共端由另一个 I/O 口控制。应用时，轮流送入每个 LED 的字形码与位选码，利用人的视觉暂留现象来显示各位的字符。图 2.7.4 所示是一个 8 位 LED 动态显示电路图。

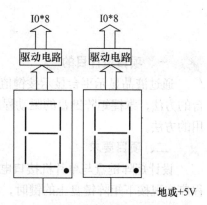

图 2.7.3　数码管的静态接法

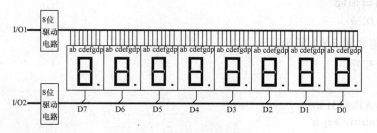

图 2.7.4　数码管的动态接法

七、拓展项目训练

在本项目硬件平台上，设计一个秒表的程序，要求能显示 1/100 秒，具有通过按键进行暂停、启动、清零等功能。

【项目八】 51 单机片人机交互接口技术（二）
——液晶平台显示按键值

一、项目设计目的

通过液晶显示平台显示按键值的方式，掌握矩阵式键盘与液晶显示器构成人机交互平台的方法，掌握矩阵键盘的驱动程序编写方法、汇编与 C 语言混合编程方法、程序层次调用的方法。

二、项目要求

设计矩阵键盘与单片机接口电路、LCD12864 液晶模块与单片机接口电路，编写驱动程序实现按下矩阵键盘上的键时，液晶屏上显示对应的键号。

三、项目完成时间

2 学时。

四、项目描述

1. 硬件环境

硬件连接如图 2.8.1 所示。

2. 参考程序

主程序：

```
#include <AT89X51.h>
#include "matrix_key.h"
#include <lcd12864.h>
#define uchar unsigned char
#define uint unsigned int
uchar key_value;
void main(void)
{
    uchar i;
    lcd_init();lcd_clr();
    printchars(0,0,"The key is:",0);
    while(1)
    {
        do
        {
            key_value = get_key();
        }while(key_value ==0);
        ds(11,0,key_value,0);
    }
}
```
矩阵键盘驱动头文件："matrix_key.h"

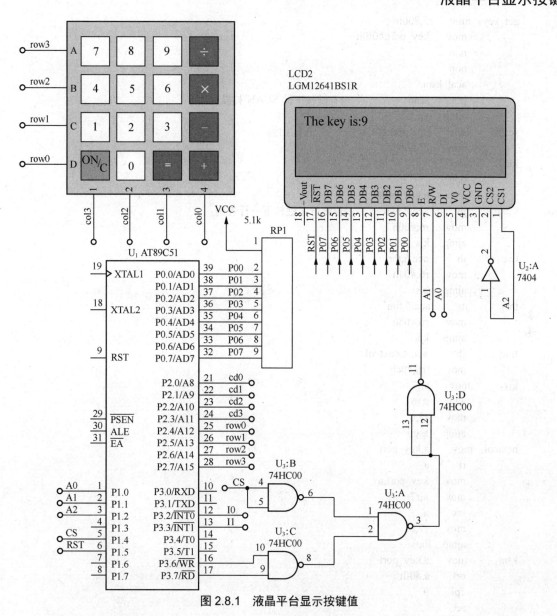

图 2.8.1　液晶平台显示按键值

```
#ifndef _MATRIX_KEY_INCLUDED_
#define _MATRIX_KEY_INCLUDED_
unsigned char get_key(void);//获取键号
#endif
```

矩阵键盘底层驱动：matrix_key.asm

```
NAME       matrix_key
;Set up Code Segment and exports:
matrix_key              SEGMENT CODE;
RSEG       matrix_key
                 PUBLIC   get_key
key_port equ p2
;RSEG   ?PR?getkey?KEYPAD
```

```
get_key:  mov     r5,#00h
          mov     key_port,#0f0h
          nop
          nop
          acall   ksm
          jnz     scan          ;有键按下转 SCAN 扫描
          ajmp    out
scan:     mov     key_port,#0f7h         ;开始扫描
          mov     r7,#00h
lop：     nop
          nop
          mov     a,key_port
          jb      acc.7,two     ;若此行无键转下一行查询
          mov     r6,#00h
          ajmp    kjs
two：     jb      acc.6,thr
          mov     r6,#04h
          ajmp    kjs
thr：     jb      acc.5,fou
          mov     r6,#08h
          ajmp    kjs
fou：     jb      acc.4,nextcol
          mov     r6,#0ch
kjs：     mov     a,r7
          add     a,r6
          mov     r5,a
          ajmp    ascii
nextcol： mov     a,key_port
          rr      a
          mov     key_port,a
          mov     a,r7
          inc     a
          mov     r7,a
          ajmp    lop
ksm：     mov     a,key_port
          orl     a,#0fh
          cpl     a
          ret
;===================================================
ascii:    mov     dptr,#tab
next:     mov     a,r5
          movc    a,@a + dptr
          mov     r7,a
          ajmp    out
nokey:    mov     r7,#0
out:      ret
tab：     db '7','8','9','/'
          db '4','5','6','*'
          db '1','2','3','-'
          db 'c','0',' = ',' ,' + '
          end
```

3. 软硬件调试

本项目列举了一个单片机 C 语言与汇编语言混合编程的方法。首先，使用汇编语言设计键盘底层驱动程序 matrix_key.asm，接着针对该文件设计包含文件 matrix_key.h，最后设计主程序文件。将主程序文件与键盘底层驱动程序 matrix_key.asm 放在同一个项目下，编译生成机器码即可。将生成的机器码导入硬件中，按矩阵键盘上面的键，观察液晶显示平台的按键值显示。

五、项目总结

本项目对矩阵键盘采用了逐行扫描进行识别的方法。当然也还有其他方法，针对不同结构的键盘，识别方法也是有区别的。目前使用广泛的还有 AD 键盘、红外遥控键盘等，PS2 键盘在单片机系统中也有应用。本项目给出的混合编程方法中，将多个源程序放在一个项目下编译，是较复杂项目设计的常用方法，有利于团队的分工合作。

六、拓展理论学习

1. 键盘简介

键盘根据其结构不同可分为编码键盘和非编码键盘两种。编码式键盘是由其内部硬件逻辑电路自动产生被按键的编码（如个人计算机的键盘），这种键盘使用方便，但价格较贵，在单片机系统中使用较少。本章主要讨论非编码键盘的工作原理及应用。根据键盘与单片机接法不同，可分为行列式键盘和独立式键盘两种。独立式键盘的接法及应用较为简单，可参考项目二中具有校时功能的电子钟部分内容。行列式键盘由于其在应用中较为节省 I/O 口线，故在需要按键比较多的场合获得了广泛的应用。

（1）行列式非编码键盘的结构

行列式键盘又叫矩阵键盘，如图 2.8.2 所示，按键设置在行列的交叉点上，如用 2×2 的行列结构可构成 4 个键的键盘，4×4 的行列结构可构成 16 个键的键盘。只要有键按下，就将对应的行线和列线接通，使其电平互相影响。

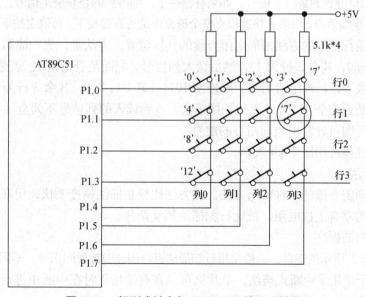

图 2.8.2　行列式键盘与 AT89C51 接口连接图

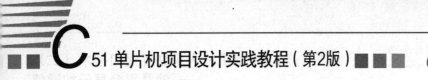

单片机系统在需要按键较多的场合中普遍使用这种行列式非编码键盘。在使用这类键盘时主要解决这样几个问题：

① 键的识别；

② 键的抖动；

③ 键功能的稳定。

其中键号的识别包括判断有无键的按下及当前按下键的键号，判断键号是设计键盘接口程序的重要部分。键的抖动是指由于按键本身的机械结构及人手的操作速度，往往在按键触点闭合或断开的瞬间会出现电压抖动，导致键按下时容易出现图 2.8.3 所示的抖动。主要解决方法是硬件方面采用 RS 触发器、软件方面加入去抖程序。键功能的稳定是指键按下一次只完成一个键功能操作。在实际应用中，往往由于人手的操作速度与单片机指令执行速度差别的悬殊，导致键按下一次后，多次执行键功能程序，使程序运行出错。解决办法是在程序中设置等键释放或加适当的延时。

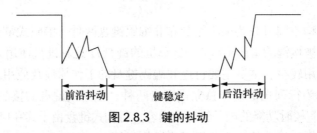

图 2.8.3　键的抖动

（2）行列式非编码键盘的键号识别

非编码式键盘识别闭合键通常有两种方法：一种称为行扫描法，另一种称为线反转法。

● 行扫描法

所谓行扫描法，就是通过行线发出低电平信号，如果该行线所连接的键没有按下，则连线所连接的输出端口得到的是全 1 信号；如果有键按下，则得到的是非全 1 信号。具体过程如下。

首先，为了提高效率，一般先快速检查整个键盘中是否有键按下，再确定按下的是哪一个键。

其次，用逐行扫描的方法来确定闭合键的具体位置。方法是：先扫描第 0 行，即输出 0111（第 0 行为 0，其余 3 行为 1），然后读入列信号，判断是否为全 1。若是全 1，则表明当前行没有键按下，行输出值右移，即输出 1011（第 1 行为 0，其余 3 行为 1），再次读入列信号，判断是否为全 1。如此逐行扫描下去，直到读入的列信号不为全 1 为止。根据此时的行号和列号即可计算出当前闭合的键号。

整个工作过程可用图 2.8.4 表示。

● 线反转法

这也是识别闭合键的一种常用方法。该方法比行扫描法速度要快，但在硬件电路上要求行线与列线均需有上拉电阻，故比行扫描法稍复杂些。

（3）键盘扫描程序

对于图 2.8.2 所示的键盘，一般采用行扫描法进行闭合键键号的识别。不同的是，图 2.8.5 所示的键盘由于采用了中断式接法，单片机可以在有键按下时在中断中进行闭合键键号的识别，并不需要定时扫描键盘，因而效率较高。

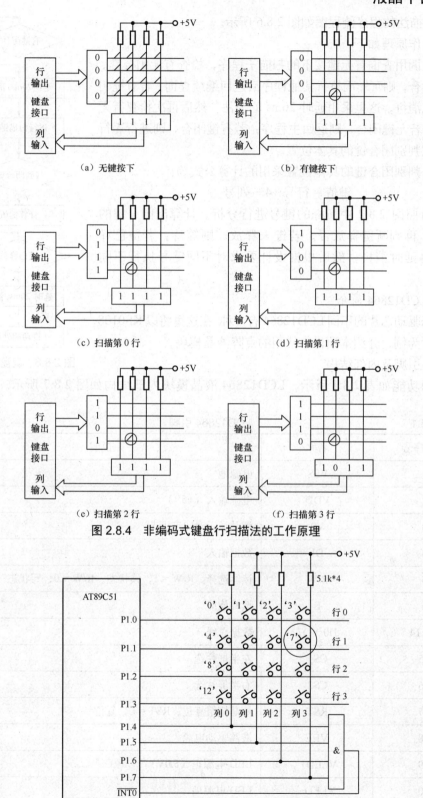

（a）无键按下　　　　　　　　　　　　（b）有键按下

（c）扫描第 0 行　　　　　　　　　　　（d）扫描第 1 行

（e）扫描第 2 行　　　　　　　　　　　（f）扫描第 3 行

图 2.8.4　非编码式键盘行扫描法的工作原理

图 2.8.5　行列式键盘的中断式接法

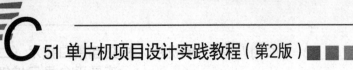

行扫描法的程序流程图如图 2.8.6 所示。

其工作原理如下。

首先调用查询有无键按下的扫描子程序，检查有无闭合键。若无键闭合，则可转而执行其他程序后返回继续查询；若有键闭合，则先消抖。这里采用延时 20ms 的方法。然后再次检查有无键闭合，若无键闭合，则返回主程序；若有键闭合，则进行逐行扫描，以判别闭合键的具体位置。

这里判别闭合键的具体位置采用的计算公式为：

$$键值 = 行号×4 + 列号$$

可对照图 2.8.2 中所标的键号进行分析。计算出闭合键的键值后，再判断键释放否。若键未释放，则等待；若键已释放，则再延时消抖，然后根据设计要求对不同键号执行不同的功能。

2. LCD12864 简介

根据驱动芯片的不同 LCD12864 有多种，在这里将以 KS0108 驱动芯片为例，介绍本项目中使用的点阵液晶模块。

（1）引脚及内部结构

引脚功能如表 2.8.1 所示，LCD12864 液晶模块内部结构如图 2.8.7 所示。

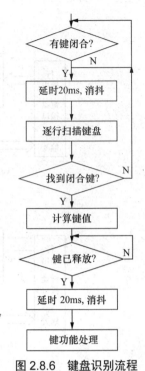

图 2.8.6　键盘识别流程

表 2.8.1　　　　　　　　　　LCD12864 引脚

引脚序号	名称	说明
1	VSS	电源地
2	VDD	电源输入（+5V）
3	V0	液晶显示对比度调节
4	DI	数据输入
5	R/W	读写选择。R/W = 1，读状态。R/W = 0，写状态
6	E	读写使能
7～14	D0～D7	数据总线
15	CS1	左半屏片选
16	CS2	右半屏片选
17	RST	液晶模组复位。RST = L，复位
18	VEE	液晶驱动电源
19	VLED+	LED 电源正（5.0V）
20	VLED−	LED 电源地

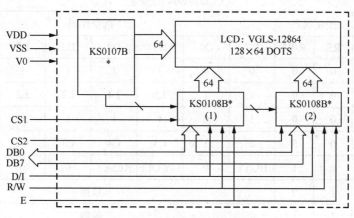

图 2.8.7　LCD12864 液晶模块内部结构

（2）屏幕显示与 DDRAM 地址映射关系

屏幕显示与 DDRAM 地址映射的关系如表 2.8.2 所示。

表 2.8.2　　　　　　　　　　　屏幕显示与 DDRAM 地址映射

Y=	CS2=1					CS1=1					行号
	0	1	…	62	63	0	1	…	62	63	
X = 0	DB0	DB0	DB0	DB0	DB0	DB0	DB0	DB0	DB0	DB0	0
	⋮	⋮	⋮	⋮	⋮	⋮	⋮	⋮	⋮	⋮	⋮
	DB7	DB7	DB7	DB7	DB7	DB7	DB7	DB7	DB7	DB7	7
	DB0	DB0	DB0	DB0	DB0	DB0	DB0	DB0	DB0	DB0	8
⋮	⋮	⋮	⋮	⋮	⋮	⋮	⋮	⋮	⋮	⋮	⋮
	DB7	DB7	DB7	DB7	DB7	DB7	DB7	DB7	DB7	DB7	55
	DB0	DB0	DB0	DB0	DB0	DB0	DB0	DB0	DB0	DB0	56
X=7	⋮	⋮	⋮	⋮	⋮	⋮	⋮	⋮	⋮	⋮	⋮
	DB7	DB7	DB7	DB7	DB7	DB7	DB7	DB7	DB7	DB7	63

（3）指令

LCD12864 点阵液晶模块必须使用指令来进行初始化设置和显示控制。使用 KS0108 作为驱动芯片的 LCD12864 具有 7 条指令，如表 2.8.3 所示。

表 2.8.3 　　　　　　　　　　　　LCD12864 的指令

指令名称	控制状态		指令代码							
	RS	R/W	D7	D6	D5	D4	D3	D2	D1	D0
显示开关设置	0	0	0	0	1	1	1	1	1	D
显示起始行设置	0	0	1	1	L5	L4	L3	L2	LI	L0
页面地址设置	0	0	1	0	1	1	1	P2	P1	P0
列地址设置	0	0	0	1	C5	C4	C3	C2	C1	C0
读取状态字	0	1	BUSY	0	ON/OFF	RESET	0	0	0	0
写显示数据	1	0	数据							
读显示数据	1	1	数据							

- 显示开关控制（DISPLAY ON/OFF）

R/W	D/I	DB7	DB6	DB5	DB4	DB3	DB2	DB1	DB0
0	0	0	0	1	1	1	1	1	D

D = 1:开显示(DISPLAY ON)，即显示器可以进行各种显示操作。

D = 0:关显示(DISPLAY OFF)，即不能对显示器进行各种显示操作。

- 设置显示起始行（DISPLAY START LINE）

R/W	D/I	DB7	DB6	DB5	DB4	DB3	DB2	DB1	DB0
0	0	1	1	A5	A4	A3	A2	A1	A0

显示起始行是由 Z 地址计数器控制的。"A5～A0" 6 位地址自动送入 Z 地址计数器，起始行的地址可以是 0～63 的任意一行。

例如：选择 A5～A0 是 62，则显示起始行与 DDRAM 行的对应关系如下。

DDRAM 行：62 63 0 1 2 3……28 29

显示起始行：1 2 3 4 5 6……31 32

- 设置页地址（SET PAGE X ADDRESS）

R/W	D/I	DB7	DB6	DB5	DB4	DB3	DB2	DB1	DB0
0	0	1	0	1	1	1	A2	A1	A0

所谓页地址就是 DDRAM 的行地址，8 行为一页，模块共 64 行即 8 页，A2～A0 表示 0～7 页。读/写数据对地址没有影响，页地址由本指令或 RST 信号改变复位后页地址为 0。页地址与 DDRAM 的对应关系见 DDRAM 地址表。

- 设置 Y 地址（SET Y ADDRESS）

R/W	D/I	DB7	DB6	DB5	DB4	DB3	DB2	DB1	DB0
0	0	0	1	A5	A4	A3	A2	A1	A0

此指令的作用是将 A5～A0 送入 Y 地址计数器，作为 DDRAM 的 Y 地址指针。在对 DDRA M 进行读/写操作后，Y 地址指针自动加 1,指向下一个 DDRAM 单元。

- 读状态（STATUS READ）

R/W	D/I	DB7	DB6	DB5	DB4	DB3	DB2	DB1	DB0
0	1	BUSY	0	ON/OFF	RET	0	0	0	0

当 R/W＝1，D/I＝0 时,在 E 信号为"H"的作用下，状态分别输出到数据总线（DB7～DB0）的相应位。

BUSY：液晶忙。

ON/OFF：表示 DFF 触发器的状态。

RST：RST＝1 表示内部正在初始化，此时组件不接受任何指令和数据。

- 写显示数据（WRITE DISPLAY DATE）

R/W	D/I	DB7	DB6	DB5	DB4	DB3	DB2	DB1	DB0
0	1	D7	D6	D5	D4	D3	D2	D1	D0

D7～D0 为显示数据，此指令把 D7～D0 写入相应的 DDRAM 单元，Y 地址指针自动加 1。

- 读显示数据（READ DISPLAY DATE）

R/W	D/I	DB7	DB6	DB5	DB4	DB3	DB2	DB1	DB0
1	1	D7	D6	D5	D4	D3	D2	D1	D0

此指令把 DDRAM 的内容 D7～D0 读到数据总线 DB7～DB0，Y 地址指针自动加 1。

（4）时序及基础函数编写

根据图 2.8.8 所示，单片机向 LCD12864 写数据时，应先选中屏幕片选（CS1、CS2），在 E＝0 初始条件下，将数据输出至 D0～D7，接着产生一定时间 E 引脚的高脉冲（E＝1、延时、E＝0），这时，数据就将被写入 LCD12864；单片机向 LCD12864 读数据时，应先选中屏幕片选（CS1、CS2），在 E＝0 初始条件下，令 E＝1、延时等待数据稳定，读取 D0～D7 端的数据即可。

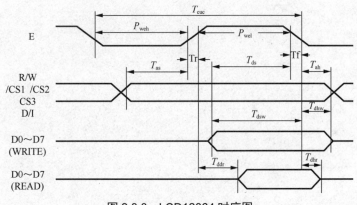

图 2.8.8　LCD12864 时序图

注意，在往 LCD12864 内部写数据时一定要在液晶不忙（BUSY 位为 0）的情况下进行，因此，最好设计一个判忙函数。点阵液晶屏 LCD12864 的操作要基于最基本的 4 个函

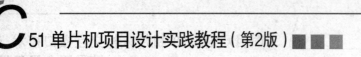

数，即写数据函数、写命令函数、读数据函数、判忙函数。在这 4 个函数基础上可以再设计显示汉字、数字、绘图等函数。

写数据函数、写命令函数、判忙函数 3 个函数可对应参考附录给出的 LCD12864.c 中的 wdata()、wcode()、lcd_busy()。

七、拓展项目训练

在附录给出的 LCD12864.c 基础上设计绘图函数，实现一个模仿指针钟表外形的电子钟。要求能显示时钟圆盘、整点刻度及动态的时针、分针和秒针。

【总结练习】

1．试分析给 7 段共阴极数码管的段输入端分别送何值时，使其显示数字 2、4。

2．试描述多位共阴极数码管动态扫描显示的工作过程及原理。

3．描述行扫描法识别行列式键盘的方法及其程序设计方法。

4．描述点阵液晶屏的显示原理。

5．查阅资料，了解 AD 键盘、红外线键盘、PS2 键盘的原理。

【项目九】 51 单片机 A/D 接口技术
——简易数字电压表

一、项目设计目的

通过数字电压表的设计，掌握 A/D 转换器与单片机接口设计方法，学会对采集的数字量进行处理，获得模拟电压大小。

二、项目要求

设计 A/D 转换器 ADC0809 与单片机接口、数码管与单片机接口，在此平台上设计一个测量范围为 0～5V 的简易数字电压表，电压值通过数码管显示。

三、项目完成时间

4 学时。

四、项目描述

1. 硬件环境

简易数字电压表硬件原理图如图 2.9.1 所示。

2. 参考程序

```c
#define    uchar unsigned char
#define    uint unsigned int
#define    adc P0
#include <AT89x51.H>
#include <absacc.h>
#include <intrins.h>
sbit ST= P3^0;
sbit EOC= P3^2;
sbit OE= P3^1;
sbit CLK= P3^3;
unsigned char dispbuf[4];
unsigned char getdata;
unsigned int temp;
uchar i,j;
/*显示函数声明*/
void disp(uchar *buff);
void delay(uchar time);
/*共阴显示段、位码表*/
uchar code tab[10] = { 0x3f,0x06,0x5b,0x4f,0x66,0x6d,0x7d,0x07,0x7f,0x6f};
uchar code BIT[4] = { 0x7f,0xbf,0xdf,0xef};
/*定时器 T1 产生转换时钟*/
void t1(void)interrupt 3 using 0
{
        TH1 = (65536-100)/256;
```

139

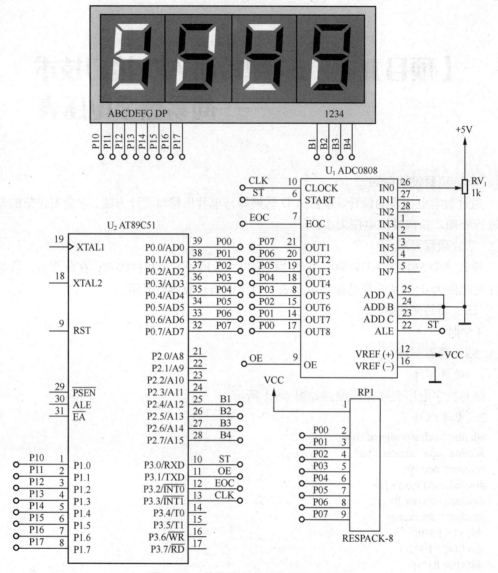

图 2.9.1　简易数字电压表硬件原理图

```
        TL1 = (65536-100)%256;
        CLK = !CLK;
}
/*定时器初始化*/
void TimeInitial()
{
        TMOD = 0x10;
        TH1 = (65536-100)/256;
        TL1 = (65536-100)%256;
        EA = 1;
        ET1 = 1;
        TR1 = 1;
}
```

```
void main(void)
{
    TimeInitial();
    P0 = 0XFF;
    P1 = 0XFF;
    P2 = 0XFF;
    P3 = 0XFF;
    while(1)
    {
        ST = 0;
        OE = 0;
        ST = 1;
        ST = 0;
        while(EOC = =0){disp(dispbuf);}
        OE = 1;
        getdata = P0;
        OE = 0;
        /*数据处理*/
        temp = getdata*1.0/255*5000;
        dispbuf[0] = temp%10;
        dispbuf[1] = temp/10%10;
        dispbuf[2] = temp/100%10;
        dispbuf[3] = temp/1000;
        disp(dispbuf);
    }
}
void disp(uchar *buff)
{
    uchar ddata;
    for(i = 0;i<4;i + +)
    {
        P2 = BIT[i];
        ddata = *buff + +;
        if(i = =3)
        {
            P1 = tab[ddata]|0x80;
        }
        else
        {
            P1 = tab[ddata];
        }
         delay(100);
    }
}
void delay(uchar time)
{
    uchar i;
    for(i = time;i>0;i--);
}
```

程序中，使用定时器产生了一个周期为200μs（f = 5kHz）的 CLK 信号，作为 ADC0809

的转换时钟。根据 ADC0809 的时序，先将 ST 产生一个上升沿 ST = 0;OE = 0;ST = 1;ST = 0;，作为通道地址锁存和启动 A/D 信号，接着等待 A/D 转换的结束（while（EOC = =0）{disp（dispbuf）;}）。A/D 转换结束后，允许 ADC0809 输出数据，单片机读取数据（OE = 1; getdata = P0; OE = 0;），然后进行转换数据的处理（temp = getdata*1.0/255*5 000;），最后是显示电压。要注意的是，在数据处理语句中，算法根据 A/D 转换器的转换公式而来，但是要先将数字量 getdata 乘以 1.0 转换成浮点数，再将参考电压扩大 1 000 倍为 5 000，这样是为了将结果 temp 保留 3 位小数（对于 8 位的 A/D 转换器来说，第 3 位小数没有意义，但是对于高精度的 A/D 转换器，此种方法是适用的），否则如果按照公式直接用 getdata/255 × 5000，将导致运算结果为 0，因为 getdata 绝大多数情况下是小于 255 的。

五、项目总结

本项目给出了并行 A/D 转换器 ADC0809 与单片机的接口方法。A/D 转换器有许多种，从接口方式上分，还有串行 ADC，同样需要根据接口时序编写驱动程序。在处理 A/D 转换器的转换结果时，要注意变量的数据类型，不能在运算过程中丢失了精度。

六、拓展理论学习

1. A/D 转换器简介

A/D 转换器（Analog-Digital Converter）是模数转换器的别称，其功能是将模拟量转换成对应的数字量。A/D 转换器作为模拟量与数字量的桥梁，在数据采集、模拟量测量等领域获得了广泛应用。A/D 转换器根据其转换原理的不同，有计数式、双积分式、逐次逼近式及并行式 A/D 转换器，目前最常用的是双积分式和逐次逼近式。双积分式 A/D 转换器的主要优点为转换精度高、抗干扰性能好、价格便宜，缺点为转换速度较慢。因此这种转换器主要用于速度要求不高的场合。常用的产品有 ICL7106/ICL7107/ICL7126 系列、MC1443 及 ICL7135 等。逐次逼近式 A/D 转换器是一种速度较快、精度较高的转换器，其转换时间在几微秒到几百微秒之间。常用的这类芯片有如下几种。

- ADC0801～ADC0805 型 8 位 MOS 型 A/D 转换器。
- ADC0808/0809 型 8 位 MOS 型 A/D 转换器。
- ADC0816/0817 型 8 位 MOS 型 A/D 转换器。

2. A/D 转换器的主要技术指标

（1）分辨率

分辨率是指对输入模拟量变化的灵敏度，习惯上用输出二进制的位数或 BCD 码位数表示。该指标说明了 A/D 转换器对输入信号的分辨能力。从理论上讲，一个 n 位的 A/D 转换器，能区分输入信号满量程的 $1/2n$ 的电压大小。在最大输入电压一定时，A/D 转换器转换位数越多，分辨率越高。

对于 n 位的 A/D 转换器，转换结果与输入模拟量的大小之间的关系为

$$\frac{D}{2^n} = \frac{u_i}{V_{ref}}$$

其中，V_{ref} 为 A/D 转换器参考电压或最大输入电压。

（2）转换误差

转换误差是指与数字输出量所对应的模拟输入量的实际值与理论值之间的差值。常用

最低有效位的倍数表示。例如，给出相对误差≤±LSB/2，就表示实际输出数字量和理论上应得到的输出数字量之间的误差小于最低位的半个字。

（3）转换速率

转换速率是指能够重复进行数据转换的速度，即每秒转换的次数，而完成一次 A/D 转换所需的时间（包括稳定时间）为转换速率的倒数。

3．A/D 转换原理

常用的 A/D 转换器有双积分式和逐次逼近式两种。下面分别介绍这两种 A/D 转换器的转换原理。

（1）双积分式 A/D 转换器原理

双积分式 A/D 转换顾名思义就是完成一次 A/D 转换需要进行两次积分。其结构图如图 2.9.2 所示。

其中 U_i 指待转换的模拟电压。$+U_R$、$-V_R$ 为参考电压。整个转换过程各点的电压如图 2.9.3 所示。

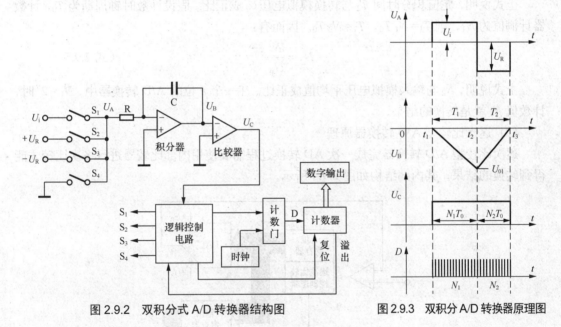

图 2.9.2　双积分式 A/D 转换器结构图　　　　图 2.9.3　双积分 A/D 转换器原理图

整个转换分为 3 个阶段。

● 预备阶段（0～t_1 阶段）

预备阶段时，逻辑控制电路发出复位信号，使计数器清零，S_4 闭合，积分器上电容放电，使其输入输出均为零。

● 定时积分阶段（t_1～t_2 阶段）

定时积分阶段是积分时间 T_1 固定的阶段。逻辑控制电路发出控制信号使 S_4 断开、S_1 闭合，积分器开始对 U_i 积分，同时打开计数器开始计数。当计数器计满 N_1（t_2 时刻）时，计数器溢出脉冲提示逻辑控制电路发出控制信号使 S_1 断开，定时积分阶段结束。此时，积分器输出电压为

$$U_{01} = -\frac{1}{C}\int_{t_1}^{t_2}\frac{U_i}{R}\mathrm{d}t = -\frac{T_1}{RC}\overline{U_i} \qquad\text{（式 2.9.1）}$$

- 定值积分阶段（$t2\sim t3$ 阶段）

在定值积分阶段，逻辑控制电路控制开关 S_1 断开，并将与 U_i 极性相反的 $+U_R$ 或 $-U_R$ 对应的 S_2、S_3 闭合。假设 U_i 为正极性，则令 S_3 合上，积分器对 U_R 进行定值积分。由于积分定值与定时积分电压极性相反，因此积分器输出将由 U_{01} 向 0 斜变。因此有：

$$0 = U_{01} + (-\frac{1}{C}\int_{t_2}^{t_3}\frac{-U_R}{R}\mathrm{d}t) \qquad\text{（式 2.9.2）}$$

将式 2.9.1 代入式 2.9.2 中得：

$$-\frac{T_1}{RC}\overline{U_i} = -\frac{T_2}{RC}U_R \qquad\text{（式 2.9.3）}$$

$$T_2 = \frac{T_1}{U_R}\overline{U_i} \qquad\text{（式 2.9.4）}$$

上式说明，定值积分时间 T_2 与转换模拟电压 $\overline{U_i}$ 成正比。假设计数时钟周期为 T_0，计数器计满值为 N_1，则 $T_1 = N_1 T_0$，$T_2 = N_2 T_0$。因而有：

$$N_2 = \frac{N_1}{U_R}\overline{U_i} \qquad\text{（式 2.9.5）}$$

上式说明，N_2 与输入模拟电压平均值成正比。在一个 n 位的 A/D 转换器中，$N_1 = 2^n$ 时，计数值 N_2 就是转换的结果。

（2）逐次比较型 A/D 转换器原理

逐次比较型 A/D 转换器完成一次 AD 转换过程需要使用内部比较器进行多次比较才能得到转换的结果。其内部结构如图 2.9.4 所示。

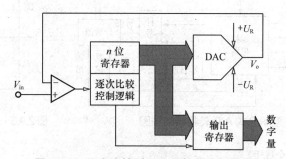

图 2.9.4　逐次比较型 A/D 转换器内部结构

设 A/D 转换器的输出数字量用 D 表示，则 D 可表示为

$$D = d_{n-1}2_{n-1} + \cdots\cdots + d_1 2^1 + d_0 2^0$$

n 位逐次比较型 A/D 转换器的基本转换原理为：转换开始后，逐次比较控制逻辑控制 n 位寄存器产生 $d_{n-1} = 1$，其余各位为 0 的 n 位数据，送至 D/A 转换器产生对应的模拟电压 V_o 并与输入模拟量 V_{in} 进行比较；若 $V_{in} > V_o$，则保留最高位 $d_{n-1} = 1$，否则 $d_{n-1} = 0$；接着将 $d_{n-2} = 1$，其他低位数据为 0，再送至 D/A 转换器产生对应的模拟电压 V_o，与 V_{in} 进行比较，若 $V_{in} > V_o$，则保留最高位 $d_{n-2} = 1$，否则 $d_{n-2} = 0$；依此规则经过 n 次比较后，便

可将 n 位寄存器中的各位确定，最后通过控制逻辑控制输出寄存器将 n 位寄存器输出即为转换结果。

4. ADC0809 简介

（1）ADC0809 指标参数

- 工作电压：5V。
- 转换时间：100μs。
- 总失调误差：最大 ±1.25LSB。

（2）ADC0809 的内部逻辑结构

ADC0809 是典型的 8 位 8 通道逐次逼近式 A/D 转换器，其内部逻辑结构如图 2.9.5 所示。

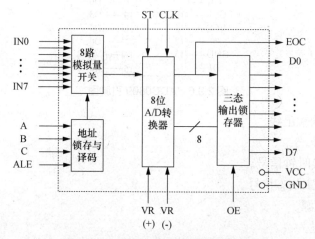

图 2.9.5　ADC0809 的内部逻辑结构

其中，译码器输入端 ABC 与 A/D 转换器选择 8 路模拟量间的关系如表 2.9.1 所示。

表 2.9.1　　　　　　　　　　　输入端与选择通道的关系

C	B	A	选择的通道
0	0	0	IN0
0	0	1	IN1
0	1	0	IN2
0	1	1	IN3
1	0	0	IN4
1	0	1	IN5
1	1	0	IN6
1	1	1	IN7

（3）ADC0809 的引脚图

ADC0809 芯片为 28 引脚双列直插式封装，引脚图如图 2.9.6 所示。

其中

IN7～IN0：模拟量输入通道。

A、B、C：模拟通道地址线。

ALE：通道地址锁存信号。

START：转换启动信号。

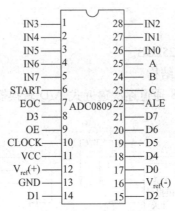

图 2.9.6　ADC0809 引脚图

D7～D0：数据输出线。

OE：输出信号。

CLOCK：转换时钟信号。

EOC：转换结束状态信号。

VCC：+5V 电源。

V_{ref}：参考电压。

（4）ADC0809 时序图

ADC0809 的引脚时序如图 2.9.7 所示。

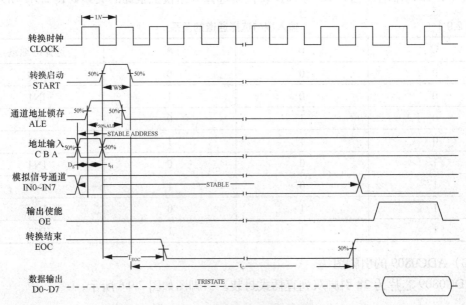

图 2.9.7　ADC0809 的引脚时序

ADC0809 时序中,CLOCK 为转换时钟,要由外部一直输入。转换过程为:A/D 转换器先在 ALE 引脚上产生上升沿进行通道地址锁存,将要转换的通道选中;接着在 START 引脚产生上升沿,启动转换进程;A/D 转换器转换开始后,EOC 变低,表示正在转换过程中;当 EOC 变高时,表示转换结束,这时可以将 OE 引脚拉高,允许数据从 A/D 转换器中输出,最后通过 D0~D7 读取数据。

5. 串行接口 A/D 转换器 TLC549 简介

随着接口芯片的串行化趋势,串行接口的 A/D 转换器优势也越来越明显,获得了广泛的应用,TI 公司的 TLC549 就是一个典型代表。

(1)TLC549 指标参数

- 工作电压:3~6V。
- 转换时间:<17μs。
- 总失调误差:±0.5LSB。
- 功耗:6mW。

(2)TLC549 内部逻辑图

TLC549 结构图如图 2.9.8 所示。

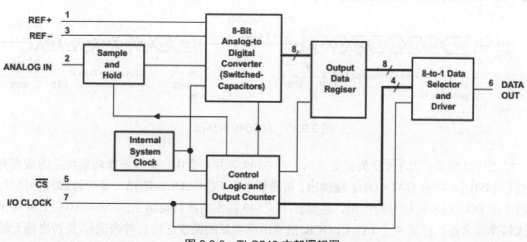

图 2.9.8 TLC549 内部逻辑图

(3)TLC549 引脚图(见图 2.9.9)

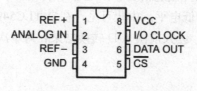

图 2.9.9 TLC549 引脚图

REF+:正基准电压输入,$2.5V \leqslant REF+ \leqslant V_{CC}+0.1$。

REF−:负基准电压输入端,$-0.1V \leqslant REF- \leqslant 2.5V$,且要求(REF+)−(REF−)$\geqslant 1V$。

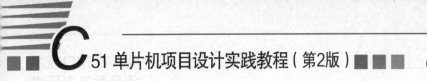

VCC：系统电源 $3V \leqslant Vcc \leqslant 6V$。

GND：接地端。

/CS：芯片选择输入端，要求输入高电平 $V_{IN} \geqslant 2V$，输入低电平 $V_{IN} \leqslant 0.8V$。

DATA OUT：转换结果数据串行输出端，与 TTL 电平兼容，输出时高位在前，低位在后。

ANALOGIN：模拟信号输入端，$0 \leqslant ANALOGIN \leqslant Vcc$，当 ANALOGIN $\geqslant$ REF+电压时，转换结果为全 "1"（0FFH），ANALOGIN $\leqslant$ REF－电压时，转换结果为全 "0"（00H）。

I/O CLOCK：外接输入/输出时钟输入端，用于同步芯片的输入输出操作，无需与芯片内部系统时钟同步。

（4）TLC549 时序图（见图 2.9.10）

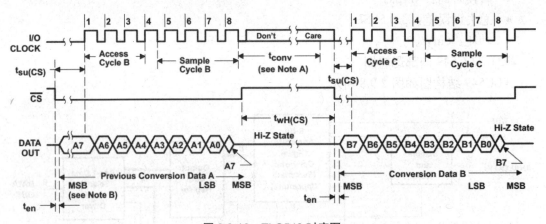

图 2.9.10　TLC549 时序图

工作过程为：当/CS 变为低电平后，TLC549 芯片被选中，同时前次转换结果的最高有效位 MSB（A7）自 DATA OUT 端输出，接着要求自 I/O CLOCK 端输入 8 个外部时钟信号，前 7 个 I/O CLOCK 信号的作用，是配合 TLC549 输出前次转换结果的 A6～A0 位，并为本次转换做准备：在第 4 个 I/O CLOCK 信号由高至低的跳变之后，片内采样/保持电路对输入模拟量采样开始，第 8 个 I/O CLOCK 信号的下降沿使片内采样/保持电路进入保持状态并启动 A/D 开始转换。转换时间为 36 个系统时钟周期，最大为 17μs。直到 A/D 转换完成前的这段时间内，TLC549 的控制逻辑要求：或者/CS 保持高电平，或者 I/O CLOCK 时钟端保持 36 个系统时钟周期的低电平。由此可见，在自 TLC549 的 I/O CLOCK 端输入 8 个外部时钟信号期间需要完成：读入前次 A/D 转换结果；对本次转换的输入模拟信号采样并保持；启动本次 A/D 转换。

七、拓展项目演示

项目名称：基于串行 A/D 转换的电压表

1. 项目要求

使用串行接口 AD 转换器 TLC549，设计一个简易电压表，并使用 12864 液晶显示平台显示电压值。

2. 项目描述

（1）硬件环境

如图 2.9.11 所示，在液晶显示平台基础上，通过 P2.2、P2.3、P2.4 三个引脚连接串行 A/D 转换器 TLC549，并在 TLC549 的 2 脚接入可调节的模拟电压。

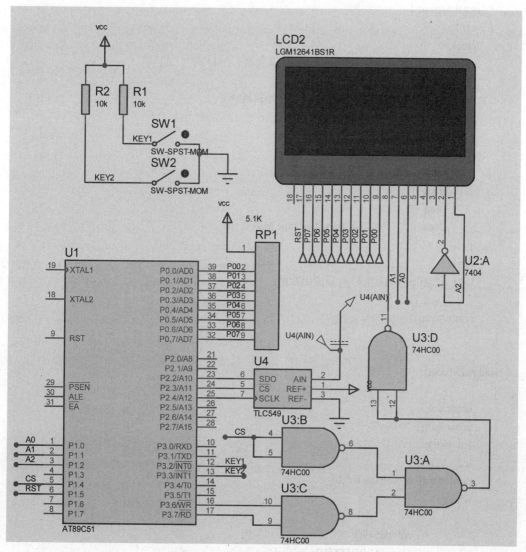

图 2.9.11　单片机与 TLC549 接口图

（2）参考程序

```c
#include<at89x51.h>
#include<lcd12864.h>
#include <intrins.h>
#define    uchar unsigned char
#define    uint unsigned int
sbit cs      =P2^3;
```

```
sbit clock   =P2^4;
sbit dataout=P2^2;

uchar tlc549()
{
    uchar i,temp;
    cs=1;
    clock=0;
    cs=0;        // P1_0 置底电平。 同时 P1_2 为高。(=1) .
    _nop_();
    _nop_();            //延时大约 1.4μs，开始转换。
    for(i=0;i<8;i++) //开始串行数据的输入；
    {
        temp<<=1;
        temp|=dataout;
        clock=1;
        _nop_();
        clock=0;        //CLK transition time Max 0.1μs
    }
    cs=1;
    for(i=17;i>0;i--) //延时 17μs 后读出数据。
        _nop_();
    return(temp) ;
}


void main(void)
{
    uchar vol;
    uchar buff[]="0.00v";
    lcd_init();
    lcd_clr();
    printchars(0,0,"Voltage is:",0);
    while(1)
    {
            vol=tlc549();
            vol=vol*1.0/255*500;
            buff[0]=vol/100+0x30;
            buff[2]=vol/10%10+0x30;
            buff[3]=vol%10+0x30;
            printchars(0,2,buff,0);
    }
}
```

（3）运行结果

运行结果如图 2.9.12 所示。

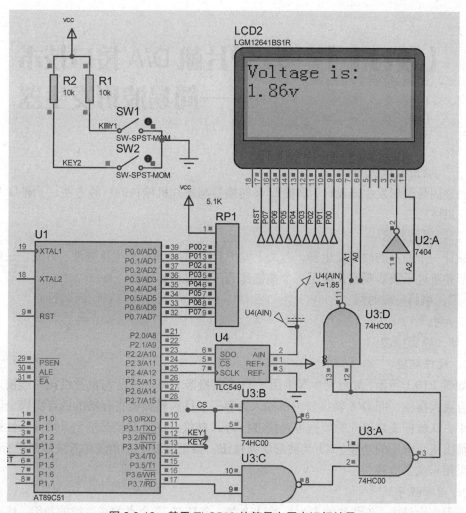

图 2.9.12　基于 TLC549 的简易电压表运行结果

八、拓展项目训练

结合 A/D 转换原理及数据处理方法，使用串行 A/D 转换器 TLC549 和压力传感器，设计一个简易电子秤。

【总结练习】

1．A/D 转换器根据转换原理不同有哪几种？各自的优缺点是什么？

2．A/D 转换器的主要技术指标有哪些？

3．简述双积分 A/D 转换器的原理，并说明双积分 A/D 转换器速率不高的原因。

4．画出逐次逼近式 A/D 转换器原理图，描述其转换过程。

5．使用单片机 C 语言编写 A/D 转换程序时，如何进行数据转换？应注意什么问题？

【项目十】 51 单片机 D/A 接口技术
——简易波形发生器

✎ 一、项目设计目的

通过简易波形发生器设计，掌握 D/A 转换器与单片机接口的一般方法，了解 D/A 转换器的应用技巧。

✎ 二、项目要求

设计一个简易的波形发生器，形式上模仿 DDS 的原理，产生正弦波、方波、三角波三种波形并通过示波器观察，使用一个按键作为三种波形的切换。

✎ 三、项目完成时间

2 学时。

✎ 四、项目描述

1. 硬件环境

如图 2.10.1 所示，波形发生器采用了 D/A 转换器 DAC0832。与单片机接口连接方式上采用直通式接法，即 D/A 转换器内部输入寄存器、D/A 转换器寄存器的锁存引脚全部接有效电平，从数据端口输入的数据可直接进行 D/A 转换。D/A 转换器输出采用双极性接法，具有输出正负电压的功能。K1 为波形切换按钮，按正弦波、三角波和方波顺序进行切换。输出采用示波器监视。

2. 参考程序

在程序设计中，正弦波的产生是通过建立一个具有 72 个点的正弦律的数组，然后将数组中的数据按数组下标先后顺序依次送给 D/A 转换成模拟电压输出，输出的阶梯式波形经过后一级 RC 低通滤波后，在示波器上就能看到一个正弦波。方波和正弦波的产生原理较为简单，可分析代码进行理解。

参考程序如下。

```
#include <AT89x51.H>
#include <MATH.H>
#define   uchar unsigned char
#define   uint unsigned int
#define DAC P0
#define CS1 P2^7
#define WRR P3^6
void tran(void);    // 三角波产生函数
void pulse(void);   // 方波产生函数
void sin_w(void);   // 正弦波产生函数
```

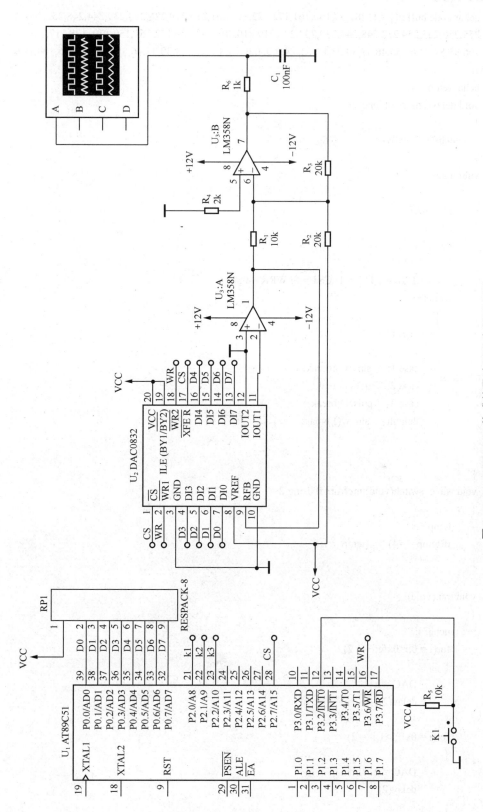

图 2.10.1　DAC0832 构成简易波形发生器原理图

```c
uchar code buffer[] = {128,139,150,161,172,182,192,201,210,219,226,233,239,244,248,252,254,
255,255,255,254,252,248,244,239,233,226,219,210,201,192,182,172,161,150,139, 128,117,
106,95,84,74,64,55,46,37,30,23,17,12,8,4,2,0, 0,0,2,4,8,12,17,23,30,37,46,55,64,74,84,95,106,117
};
uchar temp = 1;
void delay(unsigned long v)
{
     while(v! = 0)v--;
}
void main()
{
     P0 = 0XFF;
     P1 = 0XFF;
     P2 = 0XFF;
     P3 = 0XFF;
     EA = 1;EX0 = 1;IT0 = 1; CS1 = 0; WRR = 0;
     while(1)
       {
       switch(temp)
           {
           case 1:    sin_w();break;
           case 2:    tran();break;
           case 3：   pulse();break;
           default：  sin_w();break;
           }
       }
}
void wave_switch(void)interrupt 0 using 2
{
     temp + +;
     if(temp = =4)      {temp = 1;}
}

void tran(void)
{
     uchar i;
     for(i = 0;i<0xfe;i+ = 2)
     {
          DAC = i;
          delay(2);
     }
     for(i = 0xff;i>1;i- = 2)
     {
          DAC = i;
          delay(2);
     }
```

```
}
void pulse(void)
{
    DAC = 0;
    delay(100);
    DAC = 0xff;
    delay(100);
}
void sin_w(void)
{
uchar i;
for(i = 0;i<72;i + +)
{
    DAC = buffer[i];
    delay(2);
}
}
```

五、项目总结

D/A 转换器在单片机系统的输出通道应用非常广泛，比如可以产生模拟电压来控制电机转速、发出声音、调节灯光亮度等，产生的电压经过放大、扩流后还可以作为电压源来使用。

六、拓展理论学习

1. D/A 转换器原理

D/A 转换器是一种输入为数字量，经转换后输出为模拟量的数据转换器件。根据其结构的不同，D/A 转换器有电压输出型和电流输出型两种，但都要求输出模拟量的大小与输入的数字量成正比。对于 n 位的 D/A 转换器，其输出电压与输入数字量的关系为

$$\frac{U_o}{V_{ref}} = \frac{D_i}{2^n}$$

其中，D_i 和 U_o 分别为 D/A 转换器的输入数字量和输出模拟电压；D_{ref} 为 D/A 转换器的参考电压。

显然，对于 n 位的 D/A 转换器，有

$$D_i = d_{n-1}2^{n-1} + d_{n-2}2^{n-2} + \cdots + d_1 2^1 + d_0 2^0$$

常见的 D/A 转换器其内部结构有 T 型电阻网络和倒 T 型电阻网络。T 型电阻网络的 D/A 转换器原理图如图 2.10.2 所示。

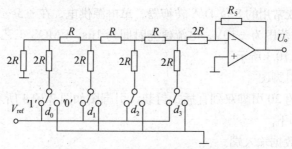

图 2.10.2　D/A 转换器中的 T 型电阻网络

根据电路叠加原理及运放的"虚短""虚断"原理，可知 $d_3=1$ 时，等效电路为

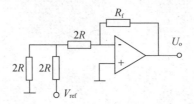

此时：$U_{\mathrm{o}} = -R_{\mathrm{f}} \dfrac{V_{\mathrm{ref}}}{3R}/2$

同理，$d_2=1$ 时，$U_{\mathrm{o}} = -R_{\mathrm{f}} \dfrac{V_{\mathrm{ref}}}{3R}/4$，$d_1=1$ 时，$U_{\mathrm{o}} = \dfrac{V_{\mathrm{ref}}}{3R}/8$，$d_0=1$ 时，$U_{\mathrm{o}} = \dfrac{V_{\mathrm{ref}}}{3R}/16$

因此，$U_{\mathrm{o}} = -R_{\mathrm{f}} \dfrac{V_{\mathrm{ref}}}{3R}(d_3 2^{-1} + d_2 2^{-2} + d_1 2^{-3} + d_0 2^{-4})$

若取 $R_{\mathrm{f}}=3R$，则有

$$U_{\mathrm{O}} = -V_{\mathrm{ref}}(d_3 2^{-1} + d_2 2^{-2} + d_1 2^{-3} + d_0 2^{-4})$$

$$= \frac{-V_{\mathrm{ref}}}{2^4}(d_3 2^3 + d_2 2^2 + d_1 2^1 + d_0 2^0)$$

可见，D/A 转换器将数字量转化成了与其成正比的模拟电压。

2. D/A 转换器主要技术指标

（1）分辨率

分辨率指最小输出电压（对应的输入数字量最低有效位为 1）与最大输出电压（对应的数字输入量所有位全为 1）之比。对于 n 位 D/A 转换器，其分辨率为 2^{-n}。

（2）建立时间

它是描述 D/A 转换器转换快慢的参数，是指从数字输入端发生变化开始，到输出模拟信号电压（或模拟信号电流）达到满刻度值 1/2LSB 时所需要的时间。

（3）转换精度

D/A 转换器的转换精度主要取决于 D/A 转换器的二进制位数。例如，8 位的 D/A 相对误差是 1/256，16 位的 D/A 相对误差为 1/65536。显然，二进制位数越多，精度越高。

3. DAC0832 简介

（1）DAC0832 内部结构

DAC0832 为一款常用的 8 位 D/A 转换器，单电源供电，在 +5～ +15V 范围内均可正常工作。基准电压的范围为 ±10V，电流建立时间为 1μs，CMOS 工艺，低功耗 20mW。其内部逻辑结构如图 2.10.3 所示。

（2）DAC0832 引脚图

DAC0832 芯片为 20 引脚双列直插式封装，引脚图如图 2.10.4 所示。

各引脚的功能如下。

D7～D0：转换数据输入端。

$\overline{\mathrm{CS}}$：片选信号，输入低电平有效。

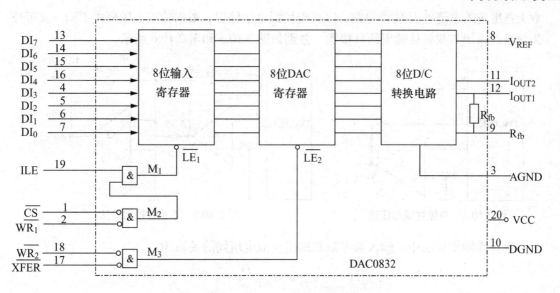

图 2.10.3　DAC0832 内部逻辑结构图

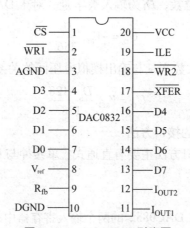

图 2.10.4　DAC0832 引脚图

ILE：数据锁存允许信号，输入高电平有效。

$\overline{WR1}$：写信号 1，输入低电平有效。

$\overline{WR2}$：写信号 2，输入低电平有效。

$\overline{XFER}$：数据传送控制信号，输入低电平有效。

I_{OUT1}：电流输出 1。当 DAC 寄存器中各位为全 1 时，电流最大；为全 0 时，电流为 0。

I_{OUT2}：电流输出 2。电路中保证 $I_{OUT1}+I_{OUT2}$=常数。

R_{fb}：反馈电阻端，片内集成的电阻为 15kΩ。

V_{ref}：参考电压，可正可负，范围为−10～＋10V。

DGND：数字量地。

AGND：模拟量地。

（3）DAC0832 的输出形式

由于 DAC0832 属于电流输出型 D/A 转换器，因此，需要在其电流输出端加上由运算

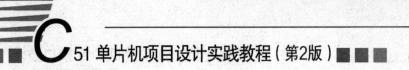

放大器组成的电流/电压转换电路，以获得模拟电压输出。根据输出电压形式不同，又可分为单极性输出与双极性输出两种接法，分别如图 2.10.5 和图 2.10.6 所示。

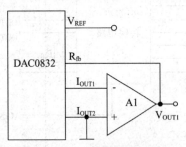

图 2.10.5　单极性输出接法

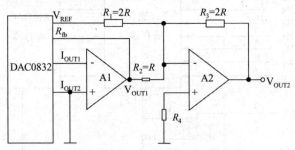

图 2.10.6　双极性输出接法

单极性输出接法中，输入数字量与输出模拟电压间的关系为

$$U_O = -V_{REF} \frac{D_i}{2^n}$$

其中 n 为 D/A 转换器的位数，D_i 为输入数字量。对于 DAC0832，$n = 8$，于是

$$U_O = -V_{REF} \frac{D_i}{256}$$

双极性输出接法中，输入数字量与输出模拟电压间的关系为

$$U_O = V_{REF} \frac{D_i - 128}{128}$$

（4）DAC0832 与单片机的接口方法

DAC0832 与单片机的接口方法主要有直通式、单缓冲与双缓冲 3 种连接方式。直通式接法结构较简单。

● 单缓冲方式

所谓单缓冲方式，就是使 DAC0832 的两个输入寄存器中有一个处于直通方式，而另一个处于受控的锁存方式，也可使两个寄存器同时选通及锁存。典型连接方法如图 2.10.7 所示。

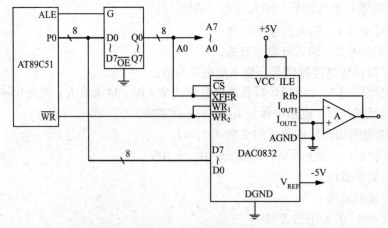

图 2.10.7　单缓冲方式

- 双缓冲方式

所谓双缓冲方式，就是把 DAC0832 的两个锁存器都接成受控锁存方式。该方式可用于同时输出多路模拟量。如图 2.10.8 所示，可以将两路模拟输出接示波器，实现绘图功能。其工作原理是，先将 X 路模拟输出对应的数字量送入第 1 片 D/A 转换器的输入寄存器进行锁存（P1.0 = 0，P1.1 = 1，P1.2 = 1），接着将 Y 路模拟输出对应的数字量送入第 2 片 D/A 转换器的输入寄存器进行锁存（P1.0 = 1，P1.1 = 0，P1.2 = 1），最后同时选通两片 D/A 转换器的 DAC 寄存器（P1.2 = 0）。

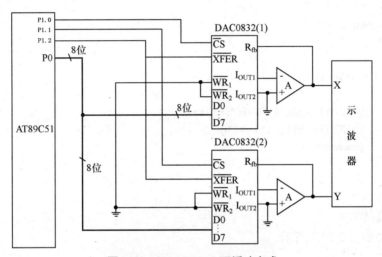

图 2.10.8　DAC0832 双缓冲方式

七、拓展项目演示

项目名称：单片机通过 D/A 转换器双缓冲模式绘制李沙育图形。

1. 项目要求

单片机通过 D/A 转换器双缓冲电路，同步输出 2 路电压，绘制出各种李沙育图形。

2. 项目描述

（1）硬件环境

参考图 2.10.8，连接好单片机与 D/A 转换器接口电路，将示波器设置为 x-y 模式，并设置好合适的水平、垂直灵敏度。

（2）参考程序

```
#include<at89x51.h>
#include<math.h>
#include<intrins.h>
#define uchar unsigned char
#define uint unsigned int
#define DAC   P0
#define CS1   P2_0
#define CS2   P2_1
#define CS    P2_2
void genarate(uchar i,j)
```

```
    {
        DAC=i;CS1=0;_nop_();CS1=1;_nop_();
        DAC=j;CS2=0;_nop_();CS2=1; _nop_();
        CS=0;
        _nop_();
        CS=1;
        _nop_();
    }
    void main()
    {
        uchar x,y;uint i;
        while(1)
        {
            for(i=0;i<361;i+=2)
            {
                y=127*(1+sin(3.14159/180*i+0.785));
                x=127*(1+cos(3.14159/180*i));
                genarate(x,y);
            }
        }
    }
```

（3）仿真结果

运行结果如图 2.10.9 所示。

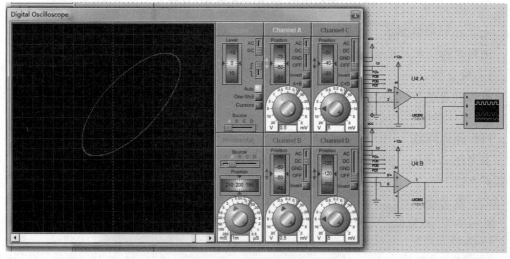

图 2.10.9　李沙育图形绘制仿真效果图

八、拓展项目训练

1．使用 DAC0832 设计一个输出电压范围 0～5V，电流 500mA 的数控电压源。

2．使用 DAC0832 的双缓冲方式，将 X、Y 两路信号送示波器，调节示波器为 X、Y 通道开放模式，在示波器上绘制圆、正方形、三角形等图形。

【总结练习】

1．D/A 转换器的主要作用是什么？

2．简述使用 DAC0832 的双缓冲方式进行双通道同步的原理。

3．D/A 转换器根据输出形式不同有几种类型？

4．计算 T 型网络结构的 8 位 D/A 转换器输入与输出的关系。

5．查阅资料，了解使用 D/A 转换器作为程控放大器的原理。

C 51 单片机项目设计实践教程（第2版）

【项目十一】 51 单片机企业项目实战
——电池检测仪

一、项目设计目的

通过设计一个电池检测仪，了解企业对单片机应用系统的具体要求和单片机在可靠性、人性化等方面的设计技巧。

二、项目要求

设计一个用于锂电池的电池检测仪，能对某种批量生产的锂电池电压进行测量、挑选。已知该批次锂电池电压在合格的情况下空载电压高于 3.65V，带负载时电压高于 3.60V。在空载和带载时分别低于上述阈值电压的电池属于不合格产品。

① 测量误差在±5mV 以内，用 LCD 显示电池实际电压和阈值电压。

② 使用脚踏开关切换测量方式，脚踏开关的两种状态分别对应电池的空载和带载；电池合格时有绿色 LED 指示并有蜂鸣器鸣叫提示，电池不合格时有红色 LED 指示，无蜂鸣器鸣叫提示。

③ 阈值电压可以 0.01V 步进调整，以适应不同批次的电池。

④ 电池检测仪在测量电池电压的同时能够通过串行口往 PC 端上传电压数据。

三、项目完成时间

10 学时。

四、项目描述

1. 设计思路

针对项目要求进行分析我们知道，完成项目需要应用的单片机知识有：A/D 转换器的应用，LCD 显示器的应用，独立按键的应用，I/O 口的控制等。如何灵活协调地使用这些知识来进行本项目的设计，是本项目和其他单片机应用系统共同需要考虑的问题。可以通过单片机型号选择、器件选择、系统功能划分 3 个步骤来进行。

（1）单片机型号选择

单片机型号选择的主要内容包括存储容量、内部功能部件、电气参数、工作主频等。根据本项目的要求，程序要完成的工作主要有 A/D 转换器的控制、转换数据的处理、液晶显示器的驱动和显示界面设计、按键控制、程序流控制功能等部分，初步估算需要的 ROM 存储空间为 7KB 左右，RAM 需求量为 100B 左右；内部功能部件方面，定时/计数器、中断和串行口都是基本的必需部件，对于项目所要求的电压测量功能，需要有 A/D 转换器支持。目前，许多单片机都集成了 10 位 A/D 转换器。经分析，10 位 A/D 转换器的量化误差为 1/1024，若采用基准参考电压为 5V，则量化误差为 $5V \times 1/1024 \approx 5mV$，理论上基本满足需要，但是考虑到系统误差和基准源的温度飘移等因素，10 位集成 A/D 转换器难以真正满足要求,因此应选用独立的 A/D 转换器进行电压的测量。

如上所述,单片机选用 ROM 容量为 8KB、RAM 容量为 256B 的 AT89C52 即可。在本项目的实际应用中,选用了 ROM 容量为 8KB、RAM 容量为 1280B、集成 Watchdog 计数器的 STC12C5A08 系列国产单片机。选用集成了 Watchdog 的单片机是为了方便单片机应用系统的可靠性设计,后续章节将详述。

(2)器件选择

根据设计要求及设计思路部分的描述,主要器件的选择如下。

12 位 A/D 转换器选择 TLC2543,单片机选择 STC12C5A08S2,显示器选择 12864 点阵液晶屏。

TLC2543 是 TI 公司的 12 位串行 A/D 转换器,使用开关电容逐次逼近技术完成 A/D 转换过程。由于是串行输入结构,能够节省 51 系列单片机 I/O 资源,且价格适中,分辨率较高,因此在仪器仪表中有较为广泛的应用,引脚结构如图 2.11.1 所示。

图中:AIN0～AIN10 为模拟输入端,$\overline{CS}$ 为片选端,DATA INPUT 为串行数据输入端,DATA OUT 为 A/D 转换结果的三态串行输出端,EOC 为转换结束端,I/O CLOCK 为 I/O 时钟,REF+为正基准电压端,REF−为负基准电压端,VCC 为电源,GND 为地。

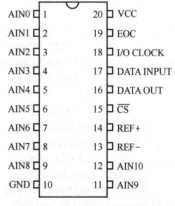

图 2.11.1　TLC2543 引脚图

TLC2543 可以用 4 种传输方法得到全 12 位分辨率,每次转换和数据传递使用 12 个或 16 个时钟周期。其中常用的使用 CS 信号、MSB 传输在前的引脚时序如图 2.11.2 所示,其他时序可参考其数据手册。

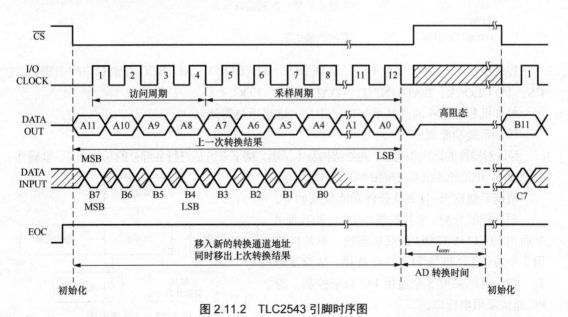

图 2.11.2　TLC2543 引脚时序图

根据时序特点可知，每次移入时钟的同时，TLC2543 锁存本次要转换的通道地址，同时输出上一次转换的结果，因此，当单片机系统上电后第一次操作 TLC2543 时，得出的结果是没有意义的。在使用单片机 I/O 口驱动 TLC2543 进行转换时，要严格按照图 2.11.2 要求进行操作，否则将得不到正确的结果。典型的驱动程序如下。

```
unsigned int read2543(unsigned char CHANNAL)//CHANNAL 为选择的通道，为 0～10
{
    unsigned int TEMP = 0;
    unsigned char k;
    AD_CLK = 0;
    CHANNAL<< = 4;
    while(!AD_EOC);
    AD_CS = 0;
    Delay100us(2);
    for(k = 0;k<12;k + +)
    {
        if(AD_DOUT = =1)    //读取 DATAOUT
            TEMP| = 0x01;
        if(CHANNAL&0x80) //读通道号到 AD_DIN
            AD_DIN = 1;
        else
            AD_DIN = 0;
        AD_CLK = 1;
        Delay2us(1);
        AD_CLK = 0;
        Delay2us(1);
        CHANNAL<< = 1;
        TEMP<< = 1;
    }
    AD_CS = 1;              //为通道的下一次转换做准备
    TEMP>> = 1;
    return(TEMP);          //返回转换结果
}
```

程序中，AD_CS 、AD_CLK、AD_DIN、AD_DOUT、AD_EOC 分别对应的引脚为：$\overline{CS}$、I/O CLOCK、DATA INPUT、DATA OUT、EOC。

单片机和 12864 液晶显示屏前已述及，这里不再赘述。

（3）系统功能划分

经过对器件的认识和选型，硬件结构基本清晰，接下来就是进行各部分的功能划分，软硬件协调设计。电池检测仪系统框图如图 2.11.3 所示。

根据系统框图，计划软硬件功能规划如下。

硬件资源分配：单片机使用 P0 口和其他 4 个通用 I/O 口与 12864 液晶屏连接；单片机使用 5 个通用 I/O 口与 TLC2543 连接；按键及带载、指示电路采用 5 个通用 I/O 口来控制，与 PC 通信采用串行口。

软件规划：将系统任务分解为液晶显示、

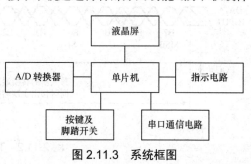

图 2.11.3 系统框图

A/D 转换、转换数据处理、按键处理、判断指示 5 个部分。液晶显示采用 LCD12864.h 中的驱动函数来完成，A/D 转换要编写驱动函数，转换数据处理要编写计算函数，按键处理要结合定时器进行长短键处理，判断指示用分支结构语句即可实现。

(4) 其他设计思路

人性化设计方面，主要体现在人机交互接口设计和电池安全防护两点。本项目中，要求能够对阈值电压进行 0.01V 的步进调整，将调节键设置成短按和长按两种功能。当用户短按调节键时，能够对阈值进行微调；当用户长时间按下调节键时，能够对阈值进行快速连续调节，节省了调节时间。在软件设计中的按键处理部分，就需要进行长短按键的识别和处理。电池安全防护方面，要设计电池防反接电路，避免电池反接造成的仪器烧毁、电池短路、人员安全等弊端。

可靠性设计方面，由于单片机应用系统的程序会因为恶劣的使用环境而存在"跑飞"的可能，因此在进行单片机软硬件设计时应考虑程序在"跑飞"后进入不可预知的错误状态时能够快速地进行修正，从而进入正常运行状态。工程上一般通过使用"看门狗"（Watchdog）对软件进行监控来解决。

2. 硬件设计

电池检测仪中，防反接电路如图 2.11.4 所示。图中当电池 B1 接入时，两个三极管同时导通，从而使场效应管 2N7002 栅极电压由 0 变为较高电压而导通，电池回路形成，因此电池电压能够被检测到。因为回路中使用了场效应管，其非常低的导通阻抗导致压降很小，几乎不影响电池的电压测量精度；当电池反接时，三级管截止，效应管不能被导通，电池回路不能形成，因此起到了保护作用。

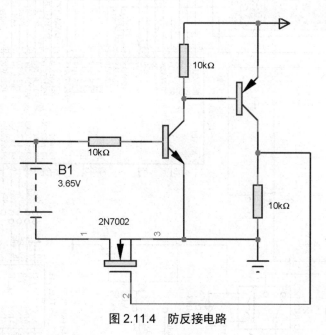

图 2.11.4　防反接电路

电池检测仪完整电路图如图 2.11.5 所示。图中，12864 液晶屏的连接较第 4 章所介绍的方法有所不同，驱动引脚也有所变化，因此读者需要对附录中的 LCD12864.h 进行少量修改才能使用；TLC2543 与单片机的连接采用了简单的直连法。

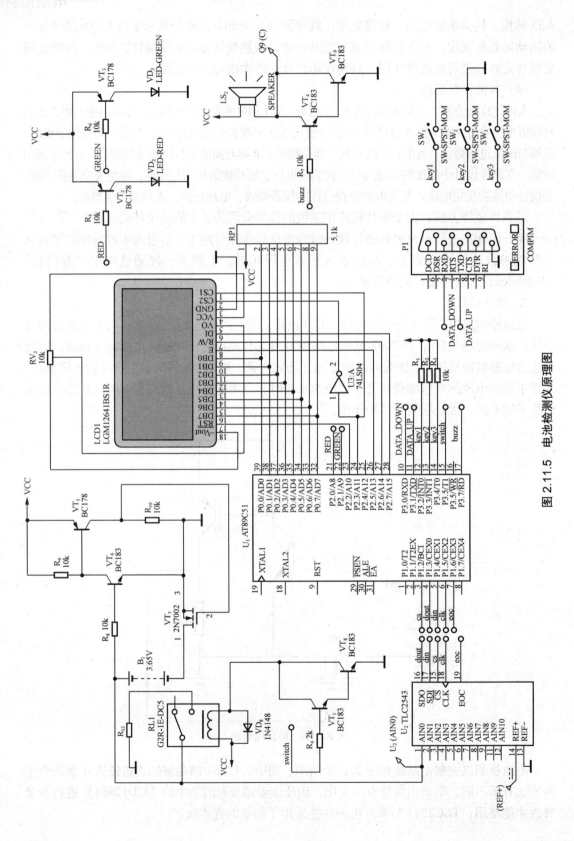

图 2.11.5　电池检测仪原理图

3. 软件设计

（1）流程图

程序流程图如图 2.11.6 所示。

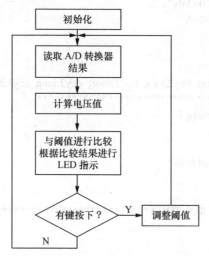

图 2.11.6　电池检测仪程序流程图

（2）参考源代码

```
#include <STC12C5A60S2.H>        //定义的系统头文件和全局变量
#include <intrins.h>
#include "lcd12864.h"
#define uchar unsigned char
#define uint unsigned int
sbit key3=    P3^4;
sbit key2=    P3^2;
sbit key1=    P3^3;
sbit swith= P3^5;
sbit green= P2^1;
sbit red=    P2^0;
sbit buzz= P3^7;
sbit AD_CS = P1^2;
sbit AD_DOUT = P1^3;
sbit AD_DIN = P1^4;
sbit AD_CLK = P1^5;
sbit AD_EOC = P1^6;
#define on   1
#define off 0
/**********routine declare**********************************/
void InitUart();
void SendData(uchar dat);
void print_PC(uchar *p);
uint read2543(uchar CHANNAL);
uint calc_voltage(unsigned long i);
void Delay2us(uchar);
void Delay100us(uchar);
```

```
void Delay1ms(uchar);
void Delay100ms(uint);
/***********global variable********************************/
uchar idata dispbuff_kong[] = "00.00v";
uchar idata dispbuff_dai[] = "00.00v";
uchar idata dispbuff[] = "00.00v";
uint    idata vol_bat,last_vol;
unsigned long Vref_o;
uchar key_count;
bit short_key1,long_key1,short_key2,long_key2,short_key3,long_key3,measure_flag = 0;
/***********T0 isr*********************************/
void t0_isr(void)interrupt 1 using 1
{
    TH0 = 0x3c;
    TL0 = 0xb0; //50ms 定时初值
    key_count + +;
}
/****************MAIN ROUTINE**********************/
void main(void)
{
    uchar i;
    uint vol1_set = 365;
    uint vol2_set = 330;
    short_key1 = 0;short_key2 = 0;short_key3 = 0;
    long_key1 = 0; long_key2 = 0;long_key3 = 0;
    P0 = 0XEF;
    P1 = 0XFF;
    P2 = 0XFF;
    P3 = 0XFF;
    swith = off;buzz = off;
    lcd_init();
    lcd_clr();
    TMOD = 0x01;//T0 定时方式 1
    TH0 = 0x3c;
    TL0 = 0xb0; //50ms 定时初值
    EA = 1;
    ET0 = 1;
    InitUart();
    for(i = 0;i<4;i + +)
    {
        dh(i,2-1,i + 5,0); //空载电压
    }
    ds(8,2,':',0);
    dispbuff_kong[0]= vol1_set/1000%10 + 48;
    dispbuff_kong[1]= vol1_set/100%10 + 48;
    dispbuff_kong[3]= vol1_set/10%10 + 48;
    dispbuff_kong[4]= vol1_set%10 + 48;
    printchars(9,2-1,dispbuff_kong,!measure_flag);
    /*第三行显示：带载电压：*/
    dh(0,4-1,9,0);
```

```
for(i = 0;i<3;i + +)
{
    dh(i + 1,4-1,i + 6,0);
}
ds(8,4-1,':',0);
dispbuff_dai[0]= vol2_set/1000%10 + 48;
dispbuff_dai[1]= vol2_set/100%10 + 48;
dispbuff_dai[3]= vol2_set/10%10 + 48;
dispbuff_dai[4]= vol2_set%10 + 48;
printchars(9,4-1,dispbuff_dai,measure_flag);
/*第四行显示：实测电压：*/
for(i = 0;i<4;i + +)
{
    dh(i,6-1,i + 10,0);
}
ds(8,6-1,':',0);
/*主程序开始*/
while(1)
{
    /*------测量电压进程-------------------------**/
    WDT_CONTR = 0x3d;//喂狗
    for(i = 0;i<100;i + +)      //read chip1    disp the voltage
    {
        read2543(0);   //送地址、转换，结果下一次读
        Vref_o+ = read2543(0);      //11 路结果在(buff[0]~buff[10])
    }
    vol_bat = calc_voltage(Vref_o);
    /*------------------显示进程----------------*/
    /*第二行显示：空载电压：03.65v*/
    printchars(9,2-1,dispbuff_kong,!measure_flag);
    /*第三行显示：带载电压：03.60v*/
    printchars(9,4-1,dispbuff_dai,measure_flag);
    /*-------------按键处理进程----------------*/
    key_count = 0;
    if(!key1)
    {
        TR0 = 1;
        while(!key1)
        {
            if((TH0 = =0XF0)&&(key_count = =0))
            {short_key1 = 1;long_key1 = 0;}
            if(key_count = =15)
            {
                short_key1 = 0;long_key1 = 1;
                TR0 = 0;TH0 = 0x3c;TL0 = 0xb0;break;
            }
            WDT_CONTR = 0x3d;//喂狗
        }
    }
    key_count = 0;
```

```
        if(!key2)
        {
            TR0 = 1;
            while(!key2)
            {
                if((TH0 = =0XF0)&&(key_count = =0))
                {short_key2 = 1;long_key2 = 0;}
                if(key_count = =15)
                {
                    short_key2 = 0;long_key2 = 1;
                    TR0 = 0;TH0 = 0x3c;TL0 = 0xb0;break;
                }
                WDT_CONTR = 0x3d;//喂狗
            }
        }
        key_count = 0;
        TR0 = 0;TH0 = 0x3c;TL0 = 0xb0;
        if(short_key1)
        {
            short_key1 = 0;
            if(measure_flag)
            {
                vol2_set + +;
                if(vol2_set = =1000)vol2_set = 0;
                /*第三行显示：带载电压：03.60v*/
                dispbuff_dai[0]= vol2_set/1000%10 + 48;
                dispbuff_dai[1]= vol2_set/100%10 + 48;
                dispbuff_dai[3]= vol2_set/10%10 + 48;
                dispbuff_dai[4]= vol2_set%10 + 48;
                printchars(9,4-1,dispbuff_dai,measure_flag);
            }
            else
            {
                vol1_set + +;
                if(vol1_set = =1000)vol1_set = 0;
                /*第二行显示：空载电压：03.65v*/
                dispbuff_kong[0]= vol1_set/1000%10 + 48;
                dispbuff_kong[1]= vol1_set/100%10 + 48;
                dispbuff_kong[3]= vol1_set/10%10 + 48;
                dispbuff_kong[4]= vol1_set%10 + 48;
                printchars(9,2-1,dispbuff_kong,!measure_flag);
            }
        }
        if(short_key2)
        {
            short_key2 = 0;
            if(measure_flag)
            {
                if(vol2_set>0)vol2_set--;
                else    vol2_set = 999;
```

170

```
            /*第三行显示：带载电压：03.60v*/
            dispbuff_dai[0]= vol2_set/1000%10 + 48;
            dispbuff_dai[1]= vol2_set/100%10 + 48;
            dispbuff_dai[3]= vol2_set/10%10 + 48;
            dispbuff_dai[4]= vol2_set%10 + 48;
            printchars(9,4-1,dispbuff_dai,measure_flag);
        }
        else
        {
            if(vol1_set>0)vol1_set--;
            else    vol1_set = 999;
            /*第二行显示：空载电压：03.65v*/
            dispbuff_kong[0]= vol1_set/1000%10 + 48;
            dispbuff_kong[1]= vol1_set/100%10 + 48;
            dispbuff_kong[3]= vol1_set/10%10 + 48;
            dispbuff_kong[4]= vol1_set%10 + 48;
            printchars(9,2-1,dispbuff_kong,!measure_flag);
        }
    }
    if(long_key1)
    {
        long_key1 = 0;
        while(!key1)
        {
            if(measure_flag)
            {
            vol2_set + +;
            if(vol2_set = =1000)vol2_set = 0;
            /*第三行显示：带载电压：03.60v*/
            dispbuff_dai[0]= vol2_set/1000%10 + 48;
            dispbuff_dai[1]= vol2_set/100%10 + 48;
            dispbuff_dai[3]= vol2_set/10%10 + 48;
            dispbuff_dai[4]= vol2_set%10 + 48;
            printchars(9,4-1,dispbuff_dai,measure_flag);
            }
        else
            {
            vol1_set + +;
            if(vol1_set = =1000)vol1_set = 0;
            /*第二行显示：空载电压：03.65v*/
            dispbuff_kong[0]= vol1_set/1000%10 + 48;
            dispbuff_kong[1]= vol1_set/100%10 + 48;
            dispbuff_kong[3]= vol1_set/10%10 + 48;
            dispbuff_kong[4]= vol1_set%10 + 48;
            printchars(9,2-1,dispbuff_kong,!measure_flag);
            }
        Delay100ms(1);
        WDT_CONTR = 0x3d;//喂狗
        }
    }
```

```
                        if(long_key2)
                        {
                            long_key2 = 0;
                            while(!key2)
                            {
                                    if(measure_flag)
                                    {
                                            if(vol2_set>0)vol2_set--;
                                            else    vol2_set = 999;
                                            /*第三行显示：带载电压：03.60v*/
                                            dispbuff_dai[0]= vol2_set/1000%10 + 48;
                                            dispbuff_dai[1]= vol2_set/100%10 + 48;
                                            dispbuff_dai[3]= vol2_set/10%10 + 48;
                                            dispbuff_dai[4]= vol2_set%10 + 48;
                                            printchars(9,4-1,dispbuff_dai,measure_flag);
                                    }
                                    else
                                    {
                                            if(vol1_set>0)vol1_set--;
                                            else    vol1_set = 999;
                                            /*第二行显示：空载电压：03.65v*/
                                            dispbuff_kong[0]= vol1_set/1000%10 + 48;
                                            dispbuff_kong[1]= vol1_set/100%10 + 48;
                                            dispbuff_kong[3]= vol1_set/10%10 + 48;
                                            dispbuff_kong[4]= vol1_set%10 + 48;
                                            printchars(9,2-1,dispbuff_kong,!measure_flag);
                                    }
                                    Delay100ms(1);
                                    WDT_CONTR = 0x3d;//喂狗
                            }
                        }
                        /*----------------以上按键进程完------------------------*/
                        if(vol_bat<500)    vol_bat = 0;            //浮电归零处理
                        /*----------------------显示实测电压进程--------------------*/
                        if(vol_bat%10>5) vol_bat+ = 10-vol_bat%10; //四舍五入
                        vol_bat/ = 10;            //计算这个电压时为了保留 3 位有效数字，将电压扩大了 1000 倍，而阈值
                都是乘以 100，所以这里要除以 10
                        dispbuff[0] = vol_bat/1000 + 48;
                        dispbuff[1] = vol_bat/100%10 + 48;
                        dispbuff[3] = vol_bat/10%10 + 48;
                        dispbuff[4]= vol_bat%10 + 48;
                        printchars(9,6-1,dispbuff,0);
                        Vref_o = 0;
                        WDT_CONTR = 0x3d;//喂狗
                        print_PC(dispbuff);SendData('\n');
                        /*----------------------报警指示进程--------------------------*/
                        if(vol_bat<100) {green = 1;red = 1;buzz = 0;}    //未接电池时，无动作
                        else
                        {
                                if(last_vol = =vol_bat)    //待电压稳定时才判断
                                {
```

172

```
        if(measure_flag)
        {
            if(vol_bat>vol2_set-1) //有载 PASS
            {
                green = 0;          //PNP
                red = 1;            //PNP
                buzz = 1;           //NPN
            }
            else                    //有载 FAIL
            {
                green = 1;
                red = 0;
                buzz = 0;
            }
        }
        else
        {
            if(vol_bat>vol1_set-1)  //空载 PASS
            {
                green = 0;
                red = 1;
                buzz = 1;
            }
            else                    //空载 FAIL
            {
                green = 1;
                red = 0;
                buzz = 0;
            }
        }
    }
}
/*------------3 号键（脚踏开关）处理进程----------------------*/
if(!key3)
{
    Delay1ms(20);
    if(!key3)
    {
        measure_flag = 1;swith = on;
    }
    else
    {
        measure_flag = 0;swith = off;
    }
}
else
{
    measure_flag = 0;swith = off;
}
/*---------------------更新电压数据----------------------*/
    last_vol = vol_bat;     //更新 last_vol
```

```
    }
}
/*----------------------读取 A/D 转换器结果------------------------*/
uint  read2543(uchar CHANNAL)//CHANNAL 为选择的通道，为 0--10，num 为芯片序号
{
    uint TEMP = 0;
    uchar k;
    AD_CLK = 0;
    CHANNAL<< = 4;
    while(!AD_EOC);
    AD_CS = 0;
    //Delay1ms(1);
    Delay100us(2);
    for(k = 0;k<12;k + +)
    {
       if(AD_DOUT = =1)    //读取 DATAOUT
          TEMP| = 0x01;
       if(CHANNAL&0x80)//读取通道号到 AD_DIN
         AD_DIN = 1;
       else
         AD_DIN = 0;
         AD_CLK = 1;
         Delay2us(1);
         AD_CLK = 0;
         Delay2us(1);
         CHANNAL<< = 1;
         TEMP<< = 1;
    }
    AD_CS = 1;                //启动以 channal 为通道的下一次转换
    TEMP>> = 1;
    //Delay100us(2);
    return(TEMP);
}
uint  calc_voltage(unsigned long i)
{
    float t;uint temp;
    t = i*0.0122;   //->i/100/4096*5000，原始数据
    temp = t;
    return temp;
}


/*---------------初始化 UART------------------------*/
void InitUart()
{
    SCON = 0x50;                    //8 bit data ,no parity bit
    TMOD |= 0x20;                   //T1 as 8-bit auto reload
    TH1 = TL1 =0xfd;                //Set Uart baudrate
    TR1 = 1;                        //T1 start running

}
/*--------串口发送字节函数---------------*/
void SendData(uchar dat)
```

```
{
    SBUF = dat;                          //Send current data
    while (!TI);                         //Wait for the previous data is sent
    TI = 0;                              //Clear TI flag
}
/*--------串口发送字符串函数--------------*/
void print_PC(uchar *p)
{
    while(*p! = '\0')
        SendData(*p + +);
}
//===============================================
//延时函数 1:    Delay2us
//===============================================
void Delay2us(uchar Counter)
{
    while(--Counter);
}


//===============================================
//延时函数 2:    Delay100us
//===============================================
void Delay100us(uchar Counter)
{
    while(Counter--)
    {   Delay2us(150);
    }
}


//===============================================
//延时函数 3:    Delay1ms
//===============================================
void Delay1ms(uchar Counter)
{
    while(Counter--)
    {   Delay100us(11);
    }
}
//===============================================
//延时函数 4:    Delay100ms
//===============================================
void Delay100ms(uint Counter)
{
    while(Counter--)
    {   Delay1ms(101);
    }
}
```

4. 系统调试

完成硬件原理图绘制或焊接后，将编写好的程序下载至单片机，可观察到图 2.11.7 所示的结果。

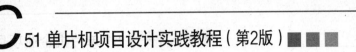
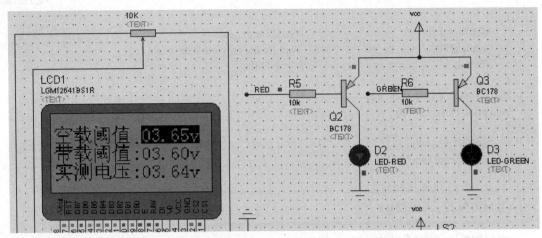

图 2.11.7（a）　实测电压小于阈值时（电池不合格）的结果

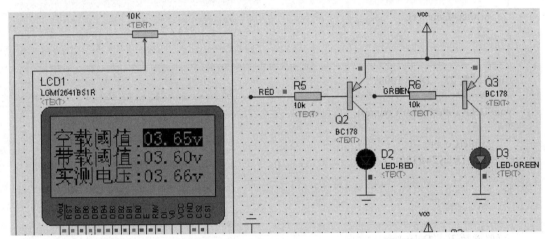

图 2.11.7（b）　实测电压大于阈值时（电池合格）的结果

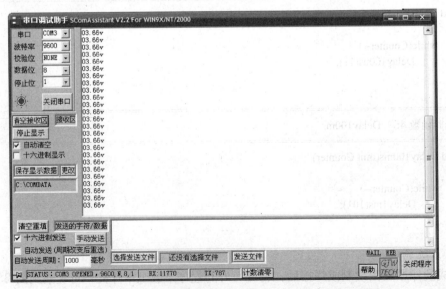

图 2.11.7（c）　电池检测仪上传给 PC 串口调试助手的结果

注意，调试过程中如果采用了 PROTEUS ISIS 的串口模块 COMPIM，注意其与单片机的连接为 TXD-TXD 和 RXD-RXD。要得到图 2.11.7（c）所示的效果，还要使用串口虚拟软件为 PC 机虚拟出 COM2 和 COM3。本项目中，COMPIM 属性设置为 COM2，波特率为 9 600 位/秒，串口调试助手使用 COM3，波特率等其他设置同 COMPIM 属性。

五、项目总结

本项目通过企业真实项目电池检测仪的项目实战，阐述了单片机应用系统设计的一般步骤，初步介绍了人性化设计和可靠性设计的技巧。在程序中给出了长短键的识别和处理、看门狗的应用、A/D 转换器的数据滤波处理、显示数据处理等实用技巧。

六、拓展理论学习

1. 单片机应用系统的组成

单片机应用系统是以单片机为核心构成的一个智能化产品系统。其智能化体现在由单片机形成的计算机系统保证了产品系统的智能处理和控制能力。

典型的单片机应用系统通常具有 3 个结构层次，如图 2.11.8 所示。

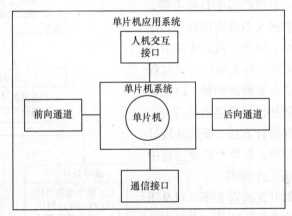

图 2.11.8　单片机应用系统层次结构

（1）单片机

单片机是单片机应用系统的核心器件，它提供了构成单片机应用系统的硬件基础和软件基础。硬件基础包括单片机所提供的总线、通用 I/O 口、时钟、中断等，软件基础则是单片机的指令系统。

（2）单片机系统

单片机系统是单片机应用系统中的计算机电路系统，通常是指按照单片机的要求，在外部配置单片机运行所需要的时钟电路、复位电路等，构成的单片机最小系统，以及为满足嵌入对象功能要求，在单片机外部扩展 CPU 外围电路，如存储器、定时/计数器、中断源等，形成能满足具体嵌入式应用的一个计算机系统。

（3）单片机应用系统

单片机应用系统是满足使用要求，能在使用环境中可靠地实现预定功能的产品系统。它在单片机系统的基础上配置了面向对象的接口电路。在单片机应用系统中，面向对象的接口电路有如下电路。

前向通道接口电路：应用系统面向检测对象的输入接口，通常包含各种物理量的传感器、变换器输入通道。

后向通道接口电路：应用系统面向控制对象的输出接口。根据伺服控制要求，通常有 D/A 转换器、开关输出、功率驱动接口等。

（4）人机交互通道接口电路

它是满足应用系统人机交互需要的电路，如键盘、显示器、打印机等 I/O 接口电路。

（5）通信接口

它是满足远程数据通信或构成多机网络系统的接口，如 RS232C、RS422/485 以及现场总线 CAN BUS 等。

随着单片机技术的发展，单片机功能的不断增强，以及系统集成技术的应用，单片机会逐渐向外层扩展。最明显的变化是单片机资源的扩展，外围接口电路进入片内，最终向单片机应用系统集成发展。

2. 单片机应用系统的一般开发步骤

单片机应用系统是最终产品的目标系统，除了硬件电路外，还需嵌入系统应用程序。硬件和软件只有紧密配合、协调一致，才能组成高性能的单片机应用系统。在系统的开发过程中，软硬件的功能总是在不断地调整，以便相互适应。硬件设计和软件设计不能截然分开，硬件设计时应考虑软件设计方法，而软件设计时应了解硬件的工作原理，在整个开发过程中互相协调，以利于提高工作效率。

单片机应用系统的开发流程如图 2.11.9 所示，除了产品立项后的方案论证外，主要有总体设计、硬件系统设计与调试、软件设计、仿真调试和系统脱机运行检查 5 个部分。在总体设计完成后，硬件系统设计调试和应用程序设计可以同时进行，而应用程序仿真调试则应在硬件系统设计与制作调试完成后进行。

（1）总体设计

通常设计人员在接到项目任务时，首先要进行系统总体方案的规划设计，而总体设计要求能很好地理解系统要实现的功能及所要达到的技术指标。要根据系统的工作环境、具体用途、功能和技术指标，拟定一个性价比最高的设计方案，这是后续设计工作的前提和指导方向。总体设计包括如下几个步骤。

① 单片机型号选择。

选择单片机型号的出发点主要有：应根据系统的要求和各种单片机的性能，在考虑市

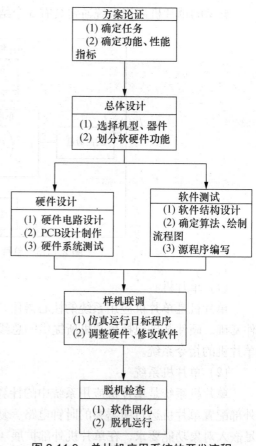

图 2.11.9　单片机应用系统的开发流程

场货源的前提下，选择最容易实现产品技术指标的机种，而且能达到较高的性能价格比；在开发任务重、时间紧的情况下，还需考虑对所选择的机种是否熟悉。

② 器件选择。

除了单片机以外，系统中还可能需要传感器、模拟电路、输入/输出电路、存储器等对系统性能有重要影响的器件，这些器件的选择应符合系统的精度、速度和可靠性等方面的要求。

③ 软硬件功能划分。

系统硬件的配置和软件的设计是紧密联系在一起的，而且在某些场合，硬件和软件具有一定的互换性。有些硬件电路的功能可用软件来实现，反之亦然。例如，系统日历时钟的产生可以使用时钟电路（如 PCF8563 芯片），也可以由定时器中断服务程序来控制时钟计数。多用硬件完成一些功能，可以提高工作速度，减少软件研制的工作量，但增加了硬件成本；若用软件代替某些硬件的功能，可以节省硬件开支，但增加了软件的复杂性。由于软件是一次性投资，因此在一般情况下，如果所开发的产品生产批量较大，则能够用软件实现的功能都由软件来完成，以便简化硬件结构、降低生产成本。在总体设计时，必须权衡利弊，仔细划分好硬件和软件的功能。

(2) 硬件设计

硬件的设计是根据总体设计要求，进行系统电路设计和 PCB 绘制。一般而言，在进行系统的硬件设计时应遵循以下几个原则。

① 多参考相关的成熟电路、标准电路。

② 系统硬件不仅要满足当前的工程要求，同时应该考虑为后续的功能扩展升级留有余地。

③ 单片机 I/O 口的驱动能力是有限的，若挂接的外设较多，应考虑增加总线驱动电路或减少芯片功耗，以降低系统负担。

④ 整机的工艺结构设计。

在硬件电路板制作完毕后，应使用相应的测试软件对硬件系统进行测试，针对不同的硬件电路，要选择合适的测试子程序，并在仿真调试环境下进行。

(3) 软件设计

单片机应用系统软件的设计，是系统设计中工作量较大的任务。软件设计包括拟定程序的总体方案、画出程序流程图、编制具体程序及程序的检查修改等。

① 程序的总体设计。

程序的总体设计是指从系统高度考虑程序结构、数据形式和程序功能的实现手法及手段。

在拟定总体设计方案时，由于一个实际的单片机应用系统的功能复杂、信息量大和程序较长，这就要求设计者能合理选用切合实际的程序设计方法。常用的设计方法有 3 种：模块化程序设计、自顶向下逐步求精程序设计和结构化程序设计。

模块化程序设计的中心思想是要把一个复杂应用程序按整体功能划分成若干相对独立的程序模块，各模块可以单独设计、编程、调试和查错，然后装配起来联调，最终成为一个有实用价值的程序。

自顶向下逐步求精程序设计要求先从系统一级的主干程序开始，集中力量解决全局问题，然后层层细化逐步求精，最终完成一个复杂程序的设计。

结构化程序设计是一种理想的程序设计方法，它是指在编程过程中对程序进行适当限制，特别是限制转向指令的使用，用于控制程序的复杂程度，使程序上下文与执行流程保持一致。

不论采用何种程序设计方法，设计者均应根据系统的总任务和控制对象的数学模型画出程序的总体框图，以描述程序的总体结构。在总体框图基础上，设计者还应结合数学模型确立各子任务的具体算法和步骤，并演化成计算机能处理的形式，然后画出子模块的所有流程图。

② 程序的编制。

程序流程图绘制成后，整个程序的轮廓和思路已十分清楚。设计者就可统筹考虑和安排一些带有全局性的问题，如程序地址空间分配、工作寄存器安排、数据结构、端口地址和输入/输出格式等，然后依照流程图来编制具体程序。

③ 程序的检查和修改。

一个实际的应用程序编好以后，往往会有不少潜在隐患和错误，因此，源程序编好后在上机调试前进行静态检查是十分必要的。静态检查采用自上而下的方法进行，发现错误及时修改，可以加快整个程序的调试进程。

④ 仿真调试。

在硬件系统测试合格且应用程序通过汇编检查合格后，方能进入仿真调试。

传统开发过程中的仿真调试是在开发装置在线仿真环境下进行的，其主要任务是排除样机硬件故障，完善硬件结构，试运行所设计的程序，排除程序错误，优化程序结构，使系统达到期望的功能。

• 硬件调试。单片机应用系统的硬件和软件调试是交叉进行的，但通常是先排除样机中明显的硬件故障（逻辑错误、元器件失效及电源故障等），才能安全地和仿真器相连，进行综合调试。硬件调试的方法主要有静态调试和连仿真器在线调试。

• 软件调试。汇编后的应用程序形成一个可执行的目标文件下载到仿真器上，系统在仿真器的支持下，对应用程序进行调试。软件调试与所选用的软件结构和程序设计技术有关。如果采用实时多任务操作系统，一般是逐个任务进行调试，在调试某个任务时，同时也调试相关的子程序、中断服务程序和一些操作系统的程序；如果采用模块程序设计技术，则逐个模块（子程序、中断程序、I/O程序等）调好以后，再联成一个大的程序，然后进行系统程序综合调试。在调试过程中，应不断修改和完善应用程序。

出现计算机的单片机仿真技术之后，其强大的单片机系统设计与仿真功能，使其成为单片机系统应用开发和改进手段之一。例如，采用 PROTEUS ISIS7 软件来进行开发，全部过程都是在 ISIS 平台上来完成的。仿真阶段通过将目标代码文件加载到单片机系统中，并实现单片机系统的实时交互、协同仿真。它在相当大的程度上反映了实际单片机系统的运行情况。

（4）系统脱机运行检查

系统应用程序调试合格后，利用程序写入器将应用程序固化到单片机的程序存储器中，然后将应用系统脱离仿真器进行上电运行检查。由于单片机实际运行环境和仿真调试环境的差异，即使仿真调试合格，脱机运行时也可能出错，所以这时应进行全面检查，针对可能出现的问题，修改硬件、软件或总体设计方案。

3．单片机应用系统可靠性设计

功能性设计、可靠性设计和产品化设计构成了单片机应用系统设计的三位一体。功能性设计是为了满足系统控制、运算等基本运行能力的设计；产品化设计是保证构成实用产品必须解决的环境适应性、使用条件适应性及满足使用者人体工程的设计；可靠性设计则是保证正常使用条件下，系统有良好的运行可靠性与安全性。

功能性是基础，可靠性是保障。因此，学习中应在掌握功能性设计的基础上，了解可靠性设计的内容。减少系统的错误或故障，提高系统可靠性的措施如下。

（1）采用抗干扰措施

① 抑制电源噪声干扰：安装低通滤波器、减少印板上交流电引进线长度，电源的容量留有余地，完善滤波系统、逻辑电路和模拟电路的合理布局等。

② 抑制输入/输出通道的干扰：使用双绞线、光隔离等方法和外部设备传送信息。

③ 抑制电磁场干扰：电磁屏蔽。

（2）提高元器件可靠性

① 选用质量好的元器件并进行严格老化测试、筛选。

② 设计时技术参数留有一定余量。

③ 印板和组装工艺的高质量。

④ E^2ROM 型和 Flash 型单片机不宜在环境恶劣的系统中使用。

（3）采用容错技术

① 信息冗余：通信中采用奇偶校验、累加和校验、循环码校验等措施，使系统具有检错和纠错能力。

② 使用系统正常工作监视器（Watchdog）：对于内部有 Watchdog 的单片机，合理选择监视计数器的溢出周期，正确设计监视计数器的程序。对于内部没有 Watchdog 的单片机，可以外接监视电路。

【总结练习】

1．单片机应用系统的一般层次结构是什么？

2．进行单片机应用系统设计的一般步骤有哪些？

3．如何根据项目需要进行单片机选型？

4．单片机软件设计的步骤有哪些？

5．单片机可靠性设计包含哪些内容？

附录 液晶模块驱动包 LCD12864.c

```c
#include<AT89X51.H>
#define uchar unsigned char
#define uint   unsigned int
/*******************ASCII 字库********************/
uchar code ascii[16*96];
/*******************汉字库（需自己取模）*******************/
uchar code hz[20*32];
/*******Interface of hardware****************/
sbit p_cs = P1^2; //LCD_A2
sbit p_rw = P1^1;      //LCD_A1
sbit p_di = P1^0; //LCD_A0
sbit p_e = P1^4;       //CS_LCD
sbit p_rst = P1^5;//RST_LCD
/*项目十一设计电压检测仪时使用下面的硬件配置*/
sbit p_di = P2^7;
sbit p_rw = P2^6;
sbit p_e = P2^5;
sbit p_cs = P2^3;
sbit p_rst = P2^2;
/*项目十一设计电压检测仪时使用上面的硬件配置*/
#define lcm P0     //PULL UP P0
/******************************************/
#define enable    1
#define disable 0
#define right     0
#define left       1
/*******routine declare********************/
void delay(unsigned long v);
void wcode(uchar c,uchar csl,uchar csr);
void wdata(uchar c,uchar csl,uchar csr);
void set_startline(uchar i);
void setxy(uchar x,uchar y);
void dison_off(uchar o);
void reset(void);
void lcd_init(void);
void lcd_clr(void);
void lw(uchar x,uchar y,uchar dd);
void dh(uchar xx,uchar yy,uchar n,uchar fb);
void ds(uchar xx,uchar yy,uchar q,uchar fb);
void printchars(uchar xx,uchar yy,uchar *q,uchar fb);
void disp_bmp(uchar num,full,l,fb);
/*********busy routine********************/
```

```
void lcd_busy(void)
{
    p_di = 0;
    p_rw = 1;
    lcm = 0xff;
    while(1)
    {
        p_e = enable;
        if(lcm<0x80)break;
        p_e = disable;
    }
    p_e = disable;
}
/*********delay routine*****************/
void delay(unsigned long v)
{
    while(v! = 0)v--;
}

/*********write code routine*************/
void wcode(uchar c,uchar csl,uchar csr)
{
    if(csl)
        {p_cs = left;
        lcd_busy();
        p_di = 0;
        p_rw = 0;
        lcm = c;
        p_e = enable;
        p_e = disable;}
    if(csr)
        {p_cs = right;
        lcd_busy();
        p_di = 0;
        p_rw = 0;
        lcm = c;
        p_e = enable;
        p_e = disable;}
}
/*********write data routine*************/
void wdata(uchar c,uchar csl,uchar csr)
{if(csl)
    {p_cs = left;
    lcd_busy();
    p_di = 1;
    p_rw = 0;
    lcm = c;
    p_e = enable;
    p_e = disable;}
if(csr)
```

```
    {p_cs = right;
    lcd_busy();
    p_di = 1;
    p_rw = 0;
    lcm = c;
    p_e = enable;
    p_e = disable;}
}
/*********set startline routine***********/
void set_startline(uchar i)
{
    i+ = 0xc0;
    wcode(i,1,1);
}
/**********set xy routine**************/
void set_xy(uchar x,uchar y)
{
    x+ = 0x40;
    y+ = 0xb8;
    wcode(x,1,1);   //set colunme address
    wcode(y,1,1);   //set page      address
}
/********display on or off routine********/
void dison_off(uchar o)
{
    o+ = 0x3e;
    wcode(o,1,1);    //'0'is off;'1'is on
}
/*************reset routine***********/
void reset(void)
{
    p_rst = 0;
    delay(20);
    p_rst = 1;
    delay(20);
}
/***********lcm initial routine*********/
void lcd_init(void)
{
uchar x,y;
P3 = 0x7f;
reset();
set_startline(0);
dison_off(0);
for(y=0;y<8;y + +)/*页*/
    {
    for(x=0;x<128;x + +)
        {lw(x,y,0);}
    dison_off(1);
    }
```

```
}
/************clr screen routine*********/
void lcd_clr(void)
{
uchar x,y;
for(y=0;y<8;y + +)
{
     for(x=0;x<128;x + +)
          {lw(x,y,0);}
}
}
/*********wirte data to lcm routine********/
void lw(uchar x,uchar y,uchar dd)
{
if(x>=64)
     {
     set_xy(x-64,y);
     wdata(dd,0,1);
     }
else
     {
     set_xy(x,y);
     wdata(dd,1,0);
     }
}
/*******************显示汉字函数*************************/
void dh(uchar xx,uchar yy,uchar n,uchar fb)//n:the number of china characters
{                                  //xx:colunme yy:page fb:anti-white display
uchar i,j,dx;
for(i=0;i<16;i + +)
     {
     dx = hz[i + n*32];
     if(fb)dx = 255-dx;
     lw(xx*16 + i,yy,dx);
     }
for(j=0;j<16;j + +)
     {
     dx = hz[j + 16 + n*32];
     if(fb)dx = 255-dx;
     lw(xx*16 + j,yy + 1,dx);
     }
}
/*******在指定位置显示一个 ASCII 字符*********************/
void ds(uchar xx,uchar yy,uchar q,uchar fb)    //q:The ascii characters to display.
{                                              //xx:colunme(0~15)yy:page(0~7)
     uchar i,j,dx;                             //fb:anti-white display
     for(i=0;i<8;i + +)
     {
          dx = ascii[i + (q-0x20)*16];
          if(fb)dx = 255-dx;
```

```
            lw(xx*8 + i,yy,dx);
        }
    for(j = 0;j<8;j + +)
        {
            dx = ascii[j + 8+(q-0x20)*16];
            if(fb)dx = 255-dx;
            lw(xx*8 + j,yy + 1,dx);
        }
}
/*************显示字符串函数**********************/
void printchars(uchar xx,uchar yy,uchar *q,uchar fb)//q:The ascii code
{                                          //xx:colunme(0~15)yy:page(0~7)
    uchar i,j,k,dx;                        //fb:anti-white display
    for(k=0;*q! = '\0';k + +)
        {
        for(i=0;i<8;i + +)
        {
            dx = ascii[i + (*q-0x20)*16];
            if(fb)dx = 255-dx;
            lw((xx + k%16)*8 + i,yy + (k/16)*2,dx);
        }
        for(j = 0;j<8;j + +)
        {
            dx = ascii[j + 8+(*q-0x20)*16];
            if(fb)dx = 255-dx;
            lw((xx + k%16)*8 + j,yy + (k/16)*2 + 1,dx);
        }
    q + +;
    }
}
/******display128*64 bmp picture routine********************
void disp_bmp(uchar num,full,l,fb)      //num：第几幅图；full：是否全屏图
{                                       //l(0~7)：从何页开始显示
uchar i,j,k,dx;
if(full)k=8;
else    k=4 ;
for(j=0;j<k;j + +)
{for(i=0;i<128;i + +)
        {
        dx = bmp[num][i + j*128];
        if(fb)dx = 255-dx;
        lw(i,j + l,dx);            //l:page
        }
    }
}*/
uchar code ascii[16*96] = {
0x00,0x00,0x00,0x00,0x00,0x00,0x00,0x00,0x00,0x00,0x00,0x00,0x00,0x00,0x00,0x00,/*" ",0*/
0x00,0x00,0x00,0xF8,0x00,0x00,0x00,0x00,0x00,0x00,0x00,0x00,0x33,0x30,0x00,0x00,0x00,/*"!",1*/
0x00,0x10,0x0C,0x06,0x10,0x0C,0x06,0x00,0x00,0x00,0x00,0x00,0x00,0x00,0x00,0x00,/*""",2*/
0x40,0xC0,0x78,0x40,0xC0,0x78,0x40,0x00,0x04,0x3F,0x04,0x04,0x3F,0x04,0x04,0x00,/*"#",3*/
```

```
0x00,0x70,0x88,0xFC,0x08,0x30,0x00,0x00,0x00,0x18,0x20,0xFF,0x21,0x1E,0x00,0x00,/*"$",4*/
0xF0,0x08,0xF0,0x00,0xE0,0x18,0x00,0x00,0x00,0x21,0x1C,0x03,0x1E,0x21,0x1E,0x00,/*"%",5*/
0x00,0xF0,0x08,0x88,0x70,0x00,0x00,0x00,0x1E,0x21,0x23,0x24,0x19,0x27,0x21,0x10,/*"&",6*/
0x10,0x16,0x0E,0x00,0x00,0x00,0x00,0x00,0x00,0x00,0x00,0x00,0x00,0x00,0x00,0x00,/*"'",7*/
0x00,0x00,0x00,0xE0,0x18,0x04,0x02,0x00,0x00,0x00,0x00,0x07,0x18,0x20,0x40,0x00,/*"(",8*/
0x00,0x02,0x04,0x18,0xE0,0x00,0x00,0x00,0x00,0x40,0x20,0x18,0x07,0x00,0x00,0x00,/*")",9*/
0x40,0x40,0x80,0xF0,0x80,0x40,0x40,0x00,0x02,0x02,0x01,0x0F,0x01,0x02,0x02,0x00,/*"*",10*/
0x00,0x00,0x00,0xF0,0x00,0x00,0x00,0x00,0x01,0x01,0x01,0x1F,0x01,0x01,0x01,0x00,/*"+",11*/
0x00,0x00,0x00,0x00,0x00,0x00,0x00,0x00,0x80,0xB0,0x70,0x00,0x00,0x00,0x00,0x00,/*",",12*/
0x00,0x00,0x00,0x00,0x00,0x00,0x00,0x00,0x01,0x01,0x01,0x01,0x01,0x01,0x01,/*"-",13*/
0x00,0x00,0x00,0x00,0x00,0x00,0x00,0x00,0x00,0x30,0x30,0x00,0x00,0x00,0x00,0x00,/*".",14*/
0x00,0x00,0x00,0x00,0x80,0x60,0x18,0x04,0x00,0x60,0x18,0x06,0x01,0x00,0x00,0x00,/*"/",15*/
0x00,0xE0,0x10,0x08,0x08,0x10,0xE0,0x00,0x00,0x0F,0x10,0x20,0x20,0x10,0x0F,0x00,/*"0",16*/
0x00,0x10,0x10,0xF8,0x00,0x00,0x00,0x00,0x00,0x20,0x20,0x3F,0x20,0x20,0x00,0x00,/*"1",17*/
0x00,0x70,0x08,0x08,0x08,0x88,0x70,0x00,0x00,0x30,0x28,0x24,0x22,0x21,0x30,0x00,/*"2",18*/
0x00,0x30,0x08,0x88,0x88,0x48,0x30,0x00,0x00,0x18,0x20,0x20,0x20,0x11,0x0E,0x00,/*"3",19*/
0x00,0x00,0xC0,0x20,0x10,0xF8,0x00,0x00,0x00,0x07,0x04,0x24,0x24,0x3F,0x24,0x00,/*"4",20*/
0x00,0xF8,0x08,0x88,0x88,0x08,0x08,0x00,0x00,0x19,0x21,0x20,0x20,0x11,0x0E,0x00,/*"5",21*/
0x00,0xE0,0x10,0x88,0x88,0x18,0x00,0x00,0x00,0x0F,0x11,0x20,0x20,0x11,0x0E,0x00,/*"6",22*/
0x00,0x38,0x08,0x08,0xC8,0x38,0x08,0x00,0x00,0x00,0x00,0x3F,0x00,0x00,0x00,0x00,/*"7",23*/
0x00,0x70,0x88,0x08,0x08,0x88,0x70,0x00,0x00,0x1C,0x22,0x21,0x21,0x22,0x1C,0x00,/*"8",24*/
0x00,0xE0,0x10,0x08,0x08,0x10,0xE0,0x00,0x00,0x00,0x31,0x22,0x22,0x11,0x0F,0x00,/*"9",25*/
0x00,0x00,0x00,0xC0,0xC0,0x00,0x00,0x00,0x00,0x00,0x00,0x30,0x30,0x00,0x00,0x00,/*":",26*/
0x00,0x00,0x00,0x80,0x00,0x00,0x00,0x00,0x00,0x00,0x80,0x60,0x00,0x00,0x00,0x00,/*";",27*/
0x00,0x00,0x80,0x40,0x20,0x10,0x08,0x00,0x00,0x01,0x02,0x04,0x08,0x10,0x20,0x00,/*"<",28*/
0x40,0x40,0x40,0x40,0x40,0x40,0x40,0x00,0x04,0x04,0x04,0x04,0x04,0x04,0x04,0x00,/*"=",29*/
0x00,0x08,0x10,0x20,0x40,0x80,0x00,0x00,0x00,0x20,0x10,0x08,0x04,0x02,0x01,0x00,/*">",30*/
0x00,0x70,0x48,0x08,0x08,0x08,0xF0,0x00,0x00,0x00,0x00,0x30,0x36,0x01,0x00,0x00,/*"?",31*/
0xC0,0x30,0xC8,0x28,0xE8,0x10,0xE0,0x00,0x07,0x18,0x27,0x24,0x23,0x14,0x0B,0x00,/*"@",32*/
0x00,0x00,0xC0,0x38,0xE0,0x00,0x00,0x00,0x20,0x3C,0x23,0x02,0x02,0x27,0x38,0x20,/*"A",33*/
0x08,0xF8,0x88,0x88,0x88,0x70,0x00,0x00,0x20,0x3F,0x20,0x20,0x20,0x11,0x0E,0x00,/*"B",34*/
0xC0,0x30,0x08,0x08,0x08,0x08,0x38,0x00,0x07,0x18,0x20,0x20,0x20,0x10,0x08,0x00,/*"C",35*/
0x08,0xF8,0x08,0x08,0x08,0x10,0xE0,0x00,0x20,0x3F,0x20,0x20,0x20,0x10,0x0F,0x00,/*"D",36*/
0x08,0xF8,0x88,0x88,0xE8,0x08,0x10,0x00,0x20,0x3F,0x20,0x20,0x23,0x20,0x18,0x00,/*"E",37*/
0x08,0xF8,0x88,0x88,0xE8,0x08,0x10,0x00,0x20,0x3F,0x20,0x00,0x03,0x00,0x00,0x00,/*"F",38*/
0xC0,0x30,0x08,0x08,0x08,0x38,0x00,0x00,0x07,0x18,0x20,0x20,0x22,0x1E,0x02,0x00,/*"G",39*/
0x08,0xF8,0x08,0x00,0x00,0x08,0xF8,0x08,0x20,0x3F,0x21,0x01,0x01,0x21,0x3F,0x20,/*"H",40*/
0x00,0x08,0x08,0xF8,0x08,0x08,0x00,0x00,0x00,0x20,0x20,0x3F,0x20,0x20,0x00,0x00,/*"I",41*/
0x00,0x00,0x08,0x08,0xF8,0x08,0x08,0x00,0xC0,0x80,0x80,0x80,0x7F,0x00,0x00,0x00,/*"J",42*/
0x08,0xF8,0x88,0xC0,0x28,0x18,0x08,0x00,0x20,0x3F,0x20,0x01,0x26,0x38,0x20,0x00,/*"K",43*/
0x08,0xF8,0x08,0x00,0x00,0x00,0x00,0x00,0x20,0x3F,0x20,0x20,0x20,0x20,0x30,0x00,/*"L",44*/
0x08,0xF8,0xF8,0x00,0xF8,0xF8,0x08,0x00,0x20,0x3F,0x00,0x3F,0x00,0x3F,0x20,0x00,/*"M",45*/
0x08,0xF8,0x30,0xC0,0x00,0x08,0xF8,0x08,0x20,0x3F,0x20,0x00,0x07,0x18,0x3F,0x00,/*"N",46*/
0xE0,0x10,0x08,0x08,0x08,0x10,0xE0,0x00,0x0F,0x10,0x20,0x20,0x20,0x10,0x0F,0x00,/*"O",47*/
0x08,0xF8,0x08,0x08,0x08,0x08,0xF0,0x00,0x20,0x3F,0x21,0x01,0x01,0x01,0x00,0x00,/*"P",48*/
0xE0,0x10,0x08,0x08,0x08,0x10,0xE0,0x00,0x0F,0x18,0x24,0x24,0x38,0x50,0x4F,0x00,/*"Q",49*/
0x08,0xF8,0x88,0x88,0x88,0x88,0x70,0x00,0x20,0x3F,0x20,0x00,0x03,0x0C,0x30,0x20,/*"R",50*/
0x00,0x70,0x88,0x08,0x08,0x08,0x38,0x00,0x00,0x38,0x20,0x21,0x21,0x22,0x1C,0x00,/*"S",51*/
0x18,0x08,0x08,0xF8,0x08,0x08,0x18,0x00,0x00,0x00,0x20,0x3F,0x20,0x00,0x00,0x00,/*"T",52*/
0x08,0xF8,0x08,0x00,0x00,0x08,0xF8,0x08,0x00,0x1F,0x20,0x20,0x20,0x20,0x1F,0x00,/*"U",53*/
```

```
0x08,0x78,0x88,0x00,0x00,0xC8,0x38,0x08,0x00,0x00,0x07,0x38,0x0E,0x01,0x00,0x00,/*"V",54*/
0xF8,0x08,0x00,0xF8,0x00,0x08,0xF8,0x00,0x03,0x3C,0x07,0x00,0x07,0x3C,0x03,0x00,/*"W",55*/
0x08,0x18,0x68,0x80,0x80,0x68,0x18,0x08,0x20,0x30,0x2C,0x03,0x03,0x2C,0x30,0x20,/*"X",56*/
0x08,0x38,0xC8,0x00,0xC8,0x38,0x08,0x00,0x00,0x00,0x20,0x3F,0x20,0x00,0x00,0x00,/*"Y",57*/
0x10,0x08,0x08,0x08,0xC8,0x38,0x08,0x00,0x20,0x38,0x26,0x21,0x20,0x20,0x18,0x00,/*"Z",58*/
0x00,0x00,0x00,0xFE,0x02,0x02,0x02,0x00,0x00,0x00,0x00,0x7F,0x40,0x40,0x40,0x00,/*"[",0*/
0x00,0x0C,0x30,0xC0,0x00,0x00,0x00,0x00,0x00,0x00,0x00,0x01,0x06,0x38,0xC0,0x00,/*"\",1*/
0x00,0x02,0x02,0x02,0xFE,0x00,0x00,0x00,0x00,0x40,0x40,0x40,0x7F,0x00,0x00,0x00,/*"]",2*/
0x00,0x00,0x04,0x02,0x02,0x02,0x04,0x00,0x00,0x00,0x00,0x00,0x00,0x00,0x00,0x00,/*"^",3*/
0x00,0x00,0x00,0x00,0x00,0x00,0x00,0x00,0x80,0x80,0x80,0x80,0x80,0x80,0x80,0x80,/*"_",4*/
0x00,0x02,0x02,0x04,0x00,0x00,0x00,0x00,0x00,0x00,0x00,0x00,0x00,0x00,0x00,0x00,/*"`",5*/
0x00,0x00,0x80,0x80,0x80,0x80,0x00,0x00,0x00,0x19,0x24,0x22,0x22,0x22,0x3F,0x20,/*"a",6*/
0x08,0xF8,0x00,0x80,0x80,0x00,0x00,0x00,0x00,0x3F,0x11,0x20,0x20,0x11,0x0E,0x00,/*"b",7*/
0x00,0x00,0x00,0x80,0x80,0x80,0x00,0x00,0x00,0x0E,0x11,0x20,0x20,0x20,0x11,0x00,/*"c",8*/
0x00,0x00,0x00,0x80,0x80,0x88,0xF8,0x00,0x00,0x0E,0x11,0x20,0x20,0x10,0x3F,0x20,/*"d",9*/
0x00,0x00,0x80,0x80,0x80,0x80,0x00,0x00,0x00,0x1F,0x22,0x22,0x22,0x22,0x13,0x00,/*"e",10*/
0x00,0x80,0x80,0xF0,0x88,0x88,0x88,0x18,0x00,0x20,0x20,0x3F,0x20,0x20,0x00,0x00,/*"f",11*/
0x00,0x00,0x80,0x80,0x80,0x80,0x80,0x00,0x00,0x6B,0x94,0x94,0x94,0x93,0x60,0x00,/*"g",12*/
0x08,0xF8,0x00,0x80,0x80,0x80,0x00,0x00,0x20,0x3F,0x21,0x00,0x00,0x20,0x3F,0x20,/*"h",13*/
0x00,0x80,0x98,0x98,0x00,0x00,0x00,0x00,0x20,0x20,0x3F,0x20,0x20,0x00,0x00,0x00,/*"i",14*/
0x00,0x00,0x00,0x80,0x98,0x98,0x00,0x00,0x00,0x00,0xC0,0x80,0x80,0x80,0x7F,0x00,0x00,/*"j",15*/
0x08,0xF8,0x00,0x00,0x80,0x80,0x80,0x00,0x20,0x3F,0x24,0x02,0x2D,0x30,0x20,0x00,/*"k",16*/
0x00,0x08,0x08,0xF8,0x00,0x00,0x00,0x00,0x00,0x20,0x20,0x3F,0x20,0x20,0x00,0x00,/*"l",17*/
0x80,0x80,0x80,0x80,0x80,0x80,0x80,0x00,0x20,0x3F,0x20,0x00,0x3F,0x20,0x00,0x3F,/*"m",18*/
0x80,0x80,0x00,0x80,0x80,0x80,0x00,0x00,0x20,0x3F,0x21,0x00,0x00,0x20,0x3F,0x20,/*"n",19*/
0x00,0x00,0x80,0x80,0x80,0x80,0x00,0x00,0x00,0x1F,0x20,0x20,0x20,0x20,0x1F,0x00,/*"o",20*/
0x80,0x80,0x00,0x80,0x80,0x00,0x00,0x00,0x80,0xFF,0xA1,0x20,0x20,0x11,0x0E,0x00,/*"p",21*/
0x00,0x00,0x00,0x80,0x80,0x80,0x80,0x00,0x00,0x0E,0x11,0x20,0x20,0xA0,0xFF,0x80,/*"q",22*/
0x80,0x80,0x80,0x00,0x80,0x80,0x80,0x00,0x20,0x20,0x3F,0x21,0x20,0x00,0x01,0x00,/*"r",23*/
0x00,0x00,0x80,0x80,0x80,0x80,0x80,0x00,0x00,0x33,0x24,0x24,0x24,0x24,0x19,0x00,/*"s",24*/
0x00,0x80,0x80,0xE0,0x80,0x80,0x00,0x00,0x00,0x00,0x00,0x1F,0x20,0x20,0x00,0x00,/*"t",25*/
0x80,0x80,0x00,0x00,0x00,0x80,0x80,0x00,0x00,0x1F,0x20,0x20,0x20,0x10,0x3F,0x20,/*"u",26*/
0x80,0x80,0x80,0x00,0x00,0x80,0x80,0x80,0x00,0x01,0x0E,0x30,0x08,0x06,0x01,0x00,/*"v",27*/
0x80,0x80,0x00,0x00,0x80,0x80,0x80,0x00,0x2F,0x30,0x0C,0x03,0x0C,0x30,0x0F,0x00,/*"w",28*/
0x00,0x80,0x80,0x00,0x80,0x80,0x80,0x00,0x00,0x20,0x31,0x2E,0x0E,0x31,0x20,0x00,/*"x",29*/
0x80,0x80,0x80,0x00,0x00,0x80,0x80,0x80,0x80,0x81,0x8E,0x70,0x18,0x06,0x01,0x00,/*"y",30*/
0x00,0x80,0x80,0x80,0x80,0x80,0x80,0x00,0x00,0x21,0x30,0x2C,0x22,0x21,0x30,0x00,/*"z",31*/
0x00,0x00,0x00,0x00,0x80,0x7C,0x02,0x02,0x00,0x00,0x00,0x00,0x00,0x3F,0x40,0x40,/*"{",32*/
0x00,0x00,0x00,0x00,0xFF,0x00,0x00,0x00,0x00,0x00,0x00,0x00,0xFF,0x00,0x00,0x00,/*"|",33*/
0x00,0x02,0x02,0x7C,0x80,0x00,0x00,0x00,0x00,0x40,0x40,0x3F,0x00,0x00,0x00,0x00,/*"}",34*/
0x00,0x06,0x01,0x01,0x02,0x02,0x04,0x04,0x00,0x00,0x00,0x00,0x00,0x00,0x00,0x00,/*"~",35*/
0x00,0x00,0x00,0x00,0x00,0x00,0x00,0x00,0x00,0x00,0x00,0x00,0x00,0x00,0x00,0x00,/*" ",36*/
};
uchar code hz[20*32] = {
/*--  文字：  电  --*/
/*--  宋体 12;  此字体下对应的点阵为：宽 × 高 = 16 × 16   --*/
0x00,0x00,0xF8,0x48,0x48,0x48,0x48,0xFF,0x48,0x48,0x48,0x48,0xF8,0x00,0x00,0x00,
0x00,0x00,0x0F,0x04,0x04,0x04,0x04,0x3F,0x44,0x44,0x44,0x44,0x4F,0x40,0x70,0x00,
/*--  文字：  压  --*/
/*--  宋体 12;  此字体下对应的点阵为：宽 × 高 = 16 × 16   --*/
```

```
0x00,0x00,0xFE,0x02,0x42,0x42,0x42,0x42,0xFA,0x42,0x42,0x42,0x62,0x42,0x02,0x00,
0x20,0x18,0x27,0x20,0x20,0x20,0x20,0x20,0x3F,0x20,0x21,0x2E,0x24,0x20,0x20,0x00,
/*-- 文字：测 --*/
/*-- 宋体 12; 此字体下对应的点阵为：宽 × 高 = 16 × 16   --*/
0x08,0x31,0x86,0x60,0x00,0xFE,0x02,0xF2,0x02,0xFE,0x00,0xF8,0x00,0x00,0xFF,0x00,
0x04,0xFC,0x03,0x00,0x80,0x47,0x30,0x0F,0x10,0x67,0x00,0x07,0x40,0x80,0x7F,0x00,
/*-- 文字：试 --*/
/*-- 宋体 12; 此字体下对应的点阵为：宽 × 高 = 16 × 16   --*/
0x40,0x42,0xDC,0x08,0x00,0x90,0x90,0x90,0x90,0x90,0xFF,0x10,0x12,0x1C,0x10,0x00,
0x00,0x00,0x7F,0x20,0x10,0x20,0x20,0x1F,0x10,0x10,0x01,0x06,0x18,0x20,0x78,0x00,
/*-- 文字：仪 --*/
/*-- 宋体 12; 此字体下对应的点阵为：宽 × 高 = 16 × 16   --*/
0x40,0x20,0xF0,0x0C,0x03,0x00,0x38,0xC0,0x01,0x0E,0x04,0xE0,0x1C,0x00,0x00,0x00,
0x00,0x00,0xFF,0x00,0x40,0x40,0x20,0x10,0x0B,0x04,0x0B,0x10,0x20,0x60,0x20,0x00,
/*-- 文字：空 --*/
/*-- 宋体 12; 此字体下对应的点阵为：宽 × 高 = 16 × 16   --*/
0x10,0x0C,0x84,0x44,0x24,0x14,0x05,0x06,0x04,0x14,0x24,0x44,0x84,0x14,0x0C,0x00,
0x00,0x40,0x40,0x41,0x41,0x41,0x41,0x7F,0x41,0x41,0x41,0x41,0x40,0x40,0x00,0x00,
/*-- 文字：载 --*/
/*-- 宋体 12; 此字体下对应的点阵为：宽 × 高 = 16 × 16   --*/
0x10,0x50,0x54,0xD4,0x74,0x5F,0x54,0x54,0x10,0xFF,0x10,0x12,0x14,0xD0,0x10,0x00,
0x00,0x12,0x13,0x12,0x12,0xFF,0x0A,0x4A,0x20,0x10,0x0F,0x1C,0x23,0x40,0x30,0x00,
/*-- 文字：阈 --*/
/*-- 宋体 12; 此字体下对应的点阵为：宽 × 高 = 16 × 16   --*/
0x00,0xF8,0x01,0xD2,0x50,0x50,0xD2,0x12,0xFE,0x16,0x9A,0x12,0x02,0xFE,0x00,0x00,
0x00,0xFF,0x00,0x09,0x09,0x05,0x15,0x10,0x09,0x06,0x09,0x5C,0x80,0x7F,0x00,0x00,
/*-- 文字：值 --*/
/*-- 宋体 12; 此字体下对应的点阵为：宽 × 高 = 16 × 16   --*/
0x80,0x40,0xF0,0x2F,0x02,0x04,0xE4,0xA4,0xB4,0xAF,0xA6,0xA4,0xE4,0x04,0x00,0x00,
0x00,0x00,0xFF,0x00,0x40,0x40,0x7F,0x4A,0x4A,0x4A,0x4A,0x4A,0x7F,0x40,0x40,0x00,
/*-- 文字：带 --*/
/*-- 宋体 12; 此字体下对应的点阵为：宽 × 高 = 16 × 16   --*/
0x80,0x64,0x24,0x24,0x3F,0x24,0x24,0xFF,0x24,0x24,0x24,0x3F,0xA4,0x64,0x24,0x00,
0x00,0x00,0x00,0x3F,0x01,0x01,0x01,0xFF,0x01,0x11,0x21,0x1F,0x00,0x00,0x00,0x00,
/*-- 文字：实 --*/
/*-- 宋体 12; 此字体下对应的点阵为：宽 × 高 = 16 × 16   --*/
0x00,0x10,0x0C,0x04,0x4C,0xB4,0x94,0x05,0xF6,0x04,0x04,0x04,0x14,0x0C,0x04,0x00,
0x00,0x82,0x82,0x42,0x42,0x23,0x12,0x0A,0x07,0x0A,0x12,0xE2,0x42,0x02,0x02,0x00,
/*-- 文字：测 --*/
/*-- 宋体 12; 此字体下对应的点阵为：宽 × 高 = 16 × 16   --*/
0x08,0x31,0x86,0x60,0x00,0xFE,0x02,0xF2,0x02,0xFE,0x00,0xF8,0x00,0x00,0xFF,0x00,
0x04,0xFC,0x03,0x00,0x80,0x47,0x30,0x0F,0x10,0x67,0x00,0x07,0x40,0x80,0x7F,0x00,
/*-- 文字：电 --*/
/*-- 宋体 12; 此字体下对应的点阵为：宽 × 高 = 16 × 16   --*/
0x00,0x00,0xF8,0x48,0x48,0x48,0x48,0xFF,0x48,0x48,0x48,0x48,0xF8,0x00,0x00,0x00,
0x00,0x00,0x0F,0x04,0x04,0x04,0x04,0x3F,0x44,0x44,0x44,0x44,0x4F,0x40,0x70,0x00,
/*-- 文字：压 --*/
/*-- 宋体 12; 此字体下对应的点阵为：宽 × 高 = 16 × 16   --*/
0x00,0x00,0xFE,0x02,0x42,0x42,0x42,0x42,0xFA,0x42,0x42,0x42,0x62,0x42,0x02,0x00,
0x20,0x18,0x27,0x20,0x20,0x20,0x20,0x20,0x3F,0x20,0x21,0x2E,0x24,0x20,0x20,0x00,
};
```

参 考 文 献

[1] 邓柳．C51单片机项目设计实践教程 [M]．北京：人民邮电出版社，2012.

[2] 谭浩强．C语言程序设计 [M]．北京：清华大学出版社，2000.

[3] 马忠梅．单片机C语言应用程序设计 [M]．北京：北京航空航天大学出版社，2007.

[4] 徐爱钧．Keil Cx51V7.0单片机高级语言编程与uVision2应用实践 [M]．北京：电子工业出版社，2008.